U0179794

本书出版得到国家自然科学基金项目"典型沙漠化逆转区社会－生态系统恢复力及其影响机制研究"（项目号：41901150）、国家自然科学基金项目"基于社会－生态系统的沙漠化逆转过程评价与调控"（项目号：41471436）和中国博士后科学基金项目"基于社会－生态系统视角的沙漠化逆转区生态承载力研究"（项目号：2019M663644）资助

SOCIAL-ECOLOGICAL
SYSTEM
RESILIENCE EVALUATION

# 社会－生态系统
# 恢复力研究

## 以沙漠化逆转区为例

A CASE STUDY OF
DESERTIFICATION ECOLOGICAL RESTORATION AREA

侯彩霞　周立华　文　岩　张梦梦　著

社会科学文献出版社
SOCIAL SCIENCES ACADEMIC PRESS (CHINA)

# 摘　要

　　随着人类活动对地球影响的不断深入，一个全新的地质年代——人类世（Anthropocene）已经来临。人类世作为地质学时代中最新的一个分期概念，最早由 1995 年荷兰大气化学家、诺贝尔奖获得者 Crutzen 提出。他认为全人类的足迹将遍布整个地球，使地球进入人类和自然联系更加紧密的新时代。人类世最主要的特点是人类活动与自然环境之间彼此融合、相互影响、共同进化。因此，在科学研究中必须把社会（人）与生态环境（自然）子系统通过相互反馈联系在一起。诺贝尔奖获得者 Ostrom 于 2009 年在 *Science* 杂志上发表论文提出了社会 - 生态系统可持续理论，为当前人类世和社会 - 生态系统的研究提供了新思路。

　　沙漠化是人类社会面临的重要问题之一，如何预防和治理沙漠化也成为当前国际研究的热点问题。20 世纪中期以来，中国成为世界上沙漠化最严重的国家之一，沙漠化对区域的生态环境安全和社会经济发展都产生了极大的威胁。为此，国家先后实施了一系列生态保护措施，2000 年以后我国部分沙漠化地区开始出现逆转。尽管如此，沙漠化的威胁仍会长期存在，如何有效地管理沙漠化逆转区、保护治沙成果等成为亟须解决的问题。沙漠化是人类活动和自然共同作用的结果，沙漠化逆转区社会－生态系统的恢复力不仅包括生态系统的恢复力，也包括社会经济的适应性。因此，从生态系统和社会经济系统两方面对沙漠化逆转区系统的稳定性和逆转过程的可持续性进行研究成为科学研究的重点。虽然有些学者从社会经济方面对沙漠化逆转区进行研究，但从社会－生态系统角度对沙漠化逆转和恢复的综合性研究尚处于初始探索阶段。

沙漠化逆转区是一个包含生态和社会经济因子的复杂适应性系统，需要从社会－生态系统综合的视角对其进行研究。本书选取沙漠化逆转的典型区域宁夏回族自治区盐池县作为研究区域，通过遥感和 GIS 技术、野外调查和查阅统计年鉴等方式获取基础研究数据，综合分析了生态政策实施过程中沙漠化逆转区社会－生态系统所受干扰的空间分布、强度和连通度；评价了农户对生态政策实施的适应性感知、适应策略和影响适应策略选择的因素；综合生态、社会和政策子系统，评价了生态政策的影响下沙漠化逆转区社会－生态系统的恢复力情况，并通过调整生态补偿标准分析了未来沙漠化逆转区恢复力变化趋势。

本书主要结论有以下四点。第一，在不同时空尺度上，研究区社会－生态系统干扰强度和连通度存在明显差异，2000～2004 年社会－生态系统干扰强度和连通度最大，2004～2015

年干扰强度和连通度较小。第二,在对生态政策的适应能力和
应对策略方面,不同农户之间存在较大差异。从农户生计方式
看,纯农户、兼业户和非农户对生态政策的影响效应感知依次
递减,自我效能感知依次递增;从收入水平看,高收入农户对
生态政策的影响效应、自我效能感知最为明显,低收入农户的
适应成本和适应预测感知指数最高,农户自身拥有的生计资本
数量和对生态政策的感知对农户选择适应性策略有重要影响。
第三,农户的放牧行为受到其草原依赖度、环境敏感度、补偿
机制满意度多个维度意识的影响,且生计多样性和青壮年劳动
力数量等外部情境又会对农户放牧意识-行为关系产生调节作
用。第四,国家禁牧政策、补偿措施等相关生态政策的实施使
得草原社会-生态系统恢复力显著增强。

目　录
CONTENTS

## 图目录

# 第一章

# 绪　论

## 第一节　沙漠化及其治理的背景和现状

　　沙漠化是人类社会面临的重要问题之一，如何预防和治理沙漠化也成为当前国际研究的热点问题（Arrow et al.，1995；Abahussain et al.，2002）。目前面临沙漠化威胁的国家已有110多个，沙漠化已经成为世界范围内贫困和移民的主要原因之一，全球有70%的耕地和约10亿人口受到沙漠化威胁（Abahussain et al.，2002；Portnov and Safriel，2004；Dodorico et al.，2013）。中国是草原资源大国，各类天然草原面积近4亿公顷，约占国土总面积的41.7%，是最大的陆地生态系统类型（侯向阳等，2011；高雅、林慧龙，2015），其生态功能是其他生态系统无法代替的（魏琦、侯向阳，2015）。但随着草原地区人口压力的不断增大，人类活动对草原自然生态系统的破坏程度也越来越高，人类不合理地开垦土地、过度放牧、非法采集草原野生植物等行为已经对草原资源和生态环境造成极大的破坏（贾幼陵，2011），再加上气候变暖，草原病虫鼠害频发，严重影响草原生态环境的保护和恢复（范月君等，2012；吴循、周青，2008），导致草原生态环境破坏严重，生态环境的服务功能急剧下降，在面对自然灾害时，草原生态环境的恢复力减小，抵御风险能力降低（侯向阳，2010；张殿发、卞建民，2000），草原出现严重的沙漠化现象。20 世纪中期以来，中国北方生态环境较脆弱的农牧交错区和部分草原地区沙漠化速度加快。到 2000 年，中国北方沙漠化面积达到 $3.86 \times 10^5 \text{km}^2$（王涛等，2004），中国成为世界上沙漠化最严重的国家之一，沙漠化对区域的生态环境安全和社会经济发展都产生了极大的威胁。

为治理沙漠化，国家先后实施了一系列生态保护措施，以扭转我国草原生态环境严重破坏的局面。1985 年，国家颁布了《中华人民共和国草原法》，各地区政府开始重视草原的生态保护。2002 年底，国家开始实施"退牧还草"工程，并划定西部地区的 11 个省区作为"退牧还草"工程区，对生态退化严重的地区实施了禁牧政策，以减轻放牧对草地的破坏，恢复草地生态系统。同时，国家为了减少工程实施区农户的经济损失，对工程实施区实行了相应的补偿政策。2002 年，全年禁牧补助饲料粮 11 斤/亩，对生态环境较好的地区实施季节性放牧，并根据休牧时间，每年补助饲料粮 2.75 斤/亩。从 2004 年开始，国家对"退牧还草"工程实施区的补助由粮食改为现金。2005 年，国家开始对草场进行围栏建设，并对重度退化的草原实施补播，同时，对优质牧草播种等给予一定的补偿（马兵等，2015）。到2010年，对超过3000万公顷的草原实施了"退牧还草"，对3239.9公顷的草原进行了围栏，对1040.9万公顷重度退化的草原实施了播种。2011年，国家在草原地建立了草原生态保护补助奖励机制（胡振通、靳乐山，2015）。对禁牧草原的农户给予每年6元/亩的补贴，对草畜平衡区的农户给予每年1.5元/亩的补贴，并给予每户牧民500元的生产资料综合补贴。2016年，国家启动实施了新一轮的草原生态保护补助奖励政策。禁牧补助提高到每年7.5元/亩，五年作为一个补助周期，补助期满，按照草原植被状况划分，对达到放牧条件的草原实施草畜平衡管理，未达到放牧条件的草原继续禁牧，草畜平衡补助为每年2.5元/亩。这些草原保护政策为促进区域社会、经济、生态的可持续发展提供了新的机遇，政策实施15年来，草原生态系统明显恢复。中国的沙漠化治理取得了显著成效（周立华等，2012），沙漠化得到有效控制，生态环境恢复效果明显，2000年以后我国部分沙漠化地区开始出现逆转（Liu et al.，2013；吕世海等，2005；马永欢等，2006；许端阳等，2011）。

宁夏盐池县天然草原面积为 $5.56 \times 10^5 \, hm^2$，占县域总面积的65.12%，属于典型的农牧交错区域。20世纪90年代，由于当地的气候条件和人类活动的压力，盐池县生态赤字不断扩大（安祎玮等，2017；马莉娅等，2011），造成了严重的草原退化，沙漠化面积不断扩大，草原面临巨大压力。2000年后，国家实施了"退耕还林""退牧还草"等一系列沙漠化治理的生态政策，在国家草原生态环境保护政策下，盐池县沙漠化出现逆转，草原植被覆盖率不断提高，生态环境得到了极大恢复。

## 第二节　社会－生态系统理论对沙漠化
## 逆转区研究的意义

　　沙漠化是干旱半干旱区特殊的自然环境和长期以来不合理的人类活动共同作用所致（Portnov and Safriel，2004；Dodorico et al.，2013）。尽管沙漠化治理成效显著，但沙漠化的威胁仍会长期存在，因此沙漠化逆转过程是否可持续，逆转区社会－生态系统是否稳定，如何有效地管理沙漠化逆转区和保护治沙成果等成为亟须解决的问题。沙漠化是人类活动和自然共同作用的结果，沙漠化逆转区社会－生态系统的恢复力不仅包括生态系统的恢复力，也包括社会经济的适应性，因此，从生态系统和社会经济系统两方面对沙漠化逆转区系统的稳定性和逆转过程的可持续性进行研究成为科学研究的重点，以往对沙漠化的研究大多从生态系统或社会经济系统中的某一方面进行，很少把两者结合起来，从整体的角度分析问题（Liu et al.，2013）。Ostrom 于 2009 年在 *Science* 杂志上发表了关于社会－生态系统理论的文章（Carpenter et al.，2001），建议综合生态系统和社会经济系统各要素，从复杂系统动力学的视角研究系统恢复力和适应性，这为从社会－生态系统整体性角度研究沙漠化治理提供了理论基础，为沙漠化逆转区的研究提供了新方向。

　　社会－生态系统是一个复杂的、有一定空间或功能界限的、具有适应性的系统，主要由生物、环境、相关的社会行为者和体制组成，具有不可预期、自组织、多稳态、阈值效应、历史依赖等特征（Gunderson et al.，2004；Allison and Hobbs，2004）。社会－生态系统具有恢复力、适应力和转化力三种属性（张向龙，2009）。恢复力是社会－生态系统的重要属性（王群等，2015；Cumming et al.，2005），Gunderson 等（2004）将恢复力正式引入社会－生态系统，认为社会－生态系统的恢复力是系统经受干扰并可维持其功能和结构的能力。作为社会－生态系统的一个重要属性，恢复力在研究中得到了广泛的关注（Rutter，1985；Folke et al.，2004；Folke，2006），但是由于恢复力的测量难度较大，对恢复力的运用也多停留在理论分析层面。

　　为了保护治沙成果，确保沙漠化逆转过程的可持续性和逆转区生态系统与社会经济系统稳定发展，本书基于社会－生态系统理论，对典型沙漠化逆转区社会－生态系统恢复力进行定量评价，探讨沙漠化逆转过程的可持续性以及逆转区的稳定性，这有助于对沙漠化逆转区的管理，保护沙漠化治理成果，并为进一步制定沙漠化治理政策提供参考，对沙漠化逆转区的生态环境保护和社会经济全面发展具有重要的指导意义。

## 第三节　研究思路及技术路线

本书紧紧围绕沙漠化逆转区的社会 - 生态系统恢复力展开研究。首先，为了研究当地沙漠化逆转过程中的社会 - 生态系统恢复力，需要研究当地沙漠化逆转的程度，本书运用该地区的归一化植被指数（Normalized Difference Vegetation Index，NDVI）数据评价了沙漠化逆转区的社会 - 生态系统受干扰程度，分析了沙漠化逆转区受干扰的原因，同时分析了社会 - 生态系统受干扰的连通度。其次，农户作为沙漠化逆转区社会 - 生态系统的主要组成部分，对政策和环境的感知直接影响当地社会 - 生态系统的恢复力，本书通过实地调研数据探索了农户对生态政策和环境的感知以及自身的适应能力和选择的适应策略。再次，基于意识 - 情境 - 行为理论，厘清农户放牧行为的影响因素及其作用机制。最后，在分析生态系统受干扰情况和农户对生态政策实施的适应性的基础上，本书运用系统动力学方法，分析了社会 - 生态系统这一复杂适应性系统的恢复力，并预测2016~2025 年沙漠化逆转区社会 - 生态系统恢复力的变化规律，从而提出了沙漠化逆转区社会 - 生态系统管理模式和对策。根据研究思路，本书技术路线如图 1 - 1 所示。

## 第四节　野外调研与基础数据获取

2016 年 8 月在盐池县进行了野外考察，与当地政府人员

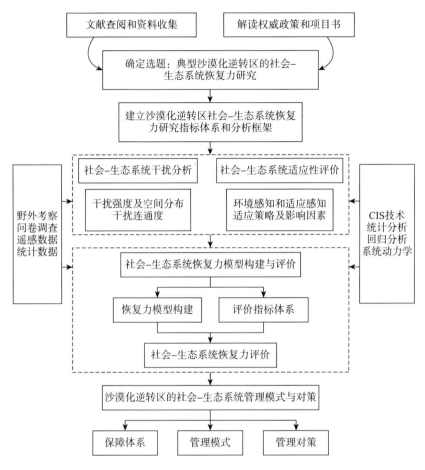

图 1-1 本书技术路线

参与了盐池县生态政策实施效果和存在问题的会议,并对盐
池县沙漠化逆转、草原植被恢复、生态政策实施以及滩羊产
业发展情况进行了全面的考察,之后在盐池县各单位的配合
下获取了禁牧等生态政策以及当地生态改善的相关数据和各
年份的统计资料。获取的数据资料包括:2002~2015 年盐池

县国民经济和社会发展统计公报；2002～2015 年盐池县退耕还林还草数据；2002～2015 年盐池县土地利用分类数据；2002～2015 年盐池县草原监测结果数据；盐池县生态建设基本数据。2017 年 10 月在盐池县进行了第二次数据收集工作，主要在各相关部门收集生态政策、生态补偿政策等方面的数据。2018 年 1 月在盐池县展开第三次数据收集工作，主要在盐池县政府、人社局、民政局、城建局、扶贫办等相关单位收集了关于农户社会保障系统方面的数据。同时，通过专门网站下载了 2000～2015 年夏季的中分辨率成像光谱仪（Moderate-resolution Imaging Spectroradiometer，MODIS）NDVI 产品数据（MOD 13Q1），2000～2015 年各月气象数据。

为了研究生态政策实施后，当地农户对政策和生态环境变化的感知和适应性，2016 年 7 月设计了"农户对禁牧政策/退耕还林的适应性"调查问卷，并于 2016 年 8 月中旬组织团队中 4 名成员在盐池县开展了农户调查。由于宁夏盐池县地广人稀，农户居住分散，调查难度较大，因此在 8 个乡镇分别抽取了 3～9 个村随机调查（见图 1－2），每个村调查 8～12 份问卷，共抽取了 305 户农户进行调查，收回有效问卷 300 份。虽然调查问卷数量比较少，但与盐池县当年的统计年鉴资料对比后，发现本次调查问卷具有良好的代表性。主要调查内容涉及：①受访户特征，包括家庭成员性别、年龄、劳动力数量、受教育程度、家庭成员的收入和收入来源、耕地和草地面积、退耕还林面积等；②农户对生态政策的适应性感知，包括农户对生态政策的生态环境改善效果感知，农户对生态政策是否满意，生态政策对农户的生活影响程度如何，农户对生态政策的适应成本感知的高低，农户对生态政策的适应能力，以及农户采取何种措施适应生态政策等。2017年10月设计了"宁夏盐池县农户对社会保障和政策的满意度"调查问卷，对盐池县农户进行了问卷调查，本次调查了8个乡镇，抽取了245户农户接受随机调查，收回有效问卷241份，调查内容主要包括：①受访户特征，包括家庭成员性别、年龄、劳动力数量、受教育程度、家庭成员的收入和收入来源、家庭对内和对外的关系以及家庭成员的健康状况等；②农户对草原生态政策的满意度、对政府政策执行的满意度以及对目前社会保障系统的满意度等。

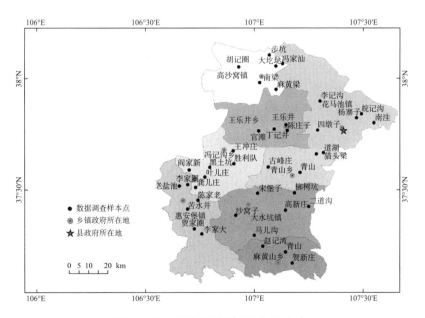

图1-2 盐池县农户调查样本点

# 第五节 研究方法

## 一 社会学方法

社会学方法主要是探讨有关社会与人类行为的问题，通过收集和总结资料，透过大量的社会现象发现社会问题的性质和规律，并找出造成社会现象的原因，提出解决问题的办法。社会学的研究方法主要有社会调查法、因果检验法、回归检验法、个案研究法和文献资料法等。本书主要采用社会调查方式收集了沙漠化逆转过程中农户的特征、适应能力、满意度和生计资本等数据，运用所收集的数据对群体在生态政策实施过程中的感知和满意度进行分析，并找出造成这种现象的原因。同时，采用统计年鉴、野外监测数据等二手资料分析沙漠化逆转区社会-生态系统恢复力变化规律。

## 二 地理信息系统技术和遥感技术

地理信息系统（Geographic Information Systems，GIS）技术是在计算机技术的支持下，对整个或部分地球表层空间相关地理数据进行采集、存储和分析的技术。遥感技术是地理信息系统重要的数据来源，是一种通过远距离的感知目标反射或发射的电磁波，对目标进行探测和识别的技术。通过遥感影像，可以获取地表的温度、水分、植被等丰富的信息，有助于对全球或区域的资源环境状况及生产活动变化进行动态监测和分析比较，为解决资源环境问题及保障可持续发展提供技术支持。本书主要利用 2000～2015 年的 MODIS NDVI 产品数据，运用 GIS 技术，分析区域内的植被变化情况，反映 2000～2015 年沙漠化逆转区生态环境变化规律和环境受干扰的程度，并评价沙漠化逆转过程中社会 – 生态系统干扰强度及干扰连通度的时空变化。

## 三　统计学方法

统计学方法与数据收集、整理、分析和解释有关，是一种通过收集各个领域的数据，从微观结构上进行研究，寻找规律，总结出事物的宏观性质或规律的独特方法。本书主要运用计量资料的统计方法，分析了沙漠化逆转区农户对生态政策的感知指数。并运用因子分析、多元 Logistics 回归分析，进行关键因子识别、提取、比较等，以确定沙漠化逆转区农户适应策略选择的影响因素等。

## 四　结构方程模型

本书运用多元 Logistics 回归模型进行关键因子识别、提取、比较等，以确定研究区农户放牧行为的影响因素。在此基础上，运用结构方程模型建立、估计和分析各影响因子与农户放牧行为的因果关系路径，测量模型描述潜变量 $\xi$、$\eta$ 与观测变量 $X$、$Y$ 之间的关系。

$$Y = \Lambda_y \eta + \varepsilon \qquad\qquad (1-1)$$

$$X = \Lambda_x \xi + \delta \qquad\qquad (1-2)$$

其中，$Y$ 为内生观测变量组成的向量；$X$ 为外生观测变量组成的向量；$\eta$ 为内生潜变量；$\xi$ 为外生潜变量，且经过标准化处理；$\Lambda_y$ 为内生观测变量在内生潜变量上的因子负荷矩阵；$\Lambda_x$ 为外生观测变量在外生潜变量上的因子负荷矩阵；$\varepsilon$、$\delta$ 为测量模型的残差矩阵。结构模型描述潜变量之间的因果关系：

$$\eta = B_\eta + \Gamma_\xi + \xi \qquad (1-3)$$

其中，$B$ 为内生潜变量之间的相互影响效应系数；$\Gamma$ 为外生潜变量对内生潜变量的影响效应系数，也为外生潜变量对内生潜变量影响的路径系数；$\xi$ 为 $\eta$ 的残差向量。

## 五　系统动力学模型

系统动力学是指根据系统内部各要素之间互为因果且相互反馈的特点，从系统的内部结构来寻找问题发生的根源，通过建立数学模型找出内部各要素之间的因果联系和组织结构。所谓结构是指一组环环相扣的行动或决策规则所构成的网络。构建系统动力学模型主要包括"流"（Flow）、"积量"（Level）、"率量"（Rate）、"辅助变量"（Auxiliary）。本书根据研究区社会－生态系统中的关键变量，建立评价指标体系和系统动力学模型，定量评估沙漠化逆转区社会－生态系统恢复力的变化趋势和规律，并通过调整控制变量，预测未来沙漠化逆转区社会－生态系统恢复力的变化趋势。

## 第六节　研究内容及创新点

### 一　研究内容

通过对沙漠化逆转区生态、社会、经济和政策等数据的收集，建立沙漠化逆转区社会－生态系统恢复力研究数据库和沙漠化逆转区社会－生态系统评价指标体系以及评价模型，分析沙漠化逆转区社会－生态系统恢复力状况。主要内容分为以下几个部分。

（1）沙漠化逆转区社会－生态系统干扰分析。基于沙漠化逆转区2000年、2004年、2008年、2012年和2015年五个时期的NDVI数据，运用GIS技术对沙漠化逆转区社会－生态系统多尺度受干扰情况进行分析，评价和分析社会－生态系统受干扰的空间分布和干扰强度及其周围环境受干扰的概率。

（2）沙漠化逆转区社会－生态系统适应性评价。首先，本书运用遥感等技术，分析了生态政策实施后，沙漠化逆转区生态环境的恢复状况；其次，采用调查问卷的方式收集了沙漠化逆转过程中农户的特征、适应能力、生计资本等数据，分析了沙漠化逆转区农户对生态政策的适应性感知，以及农户采取适应政策的策略类型和多样性；最后，分析了影响农户适应策略选择及多样化的因素。

（3）沙漠化逆转区农户放牧行为及其影响因素分析。从意识－行为理论视角，利用宁夏盐池县的实地调研数据，运用结构方程模型，探究了农户的草原依赖度、环境敏感度、政策接受度以及补偿机制满意度等意识对农户放牧行为的影响，包括意识各维度对放牧行为的直接影响、各维度之间的交互效应以及外部情境对意识－行为关系的调节效应。

（4）沙漠化逆转区社会－生态系统恢复力评价。通过对沙漠化逆转区社会－生态系统组成要素的分析，结合研究区的实际情况，建立了沙漠化逆转区社会－生态系统的评价指标体系，构建了系统恢复力的系统动力学模型，并对模型进行了检验。根据模拟模型的结果，分析了沙漠化逆转区在生态政策的实施过程中社会－生态系统的恢复力变化情况，并通过不断调整生态补偿标准这一控制变量，对不同补偿标准下草原社会－生态系统恢复力进行了预测。

（5）沙漠化逆转区的社会－生态系统管理模式与对策。基于沙漠化逆转区社会－生态系统干扰分析、适应性评价和恢复力分析，发现不断完善的社会保障体制对该区域社会－生态系统恢复力有重要作用。通过收集沙漠化逆转区社会保障制度实施的数据和资料，在分析研究区目前社会保障制度完善程度的基础上，提出了适应沙漠化逆转区社会－生态系统的管理模式和对策。

## 二　创新之处

（1）以往对沙漠化逆转的研究较少且缺乏综合性，没有形成一定的研究模式和体系。本书基于社会－生态系统理论，综合生态、社会经济和政策等因素，对沙漠化逆转区社会－生态系统的稳定性和恢复力以及逆转过程的可持续性做了研究。

（2）本书综合生态子系统、社会子系统和政策子系统建立了研究区社会－生态系统恢复力模型，运用系统动力学方法分析沙漠化逆转区社会－生态系统恢复力，为沙漠化逆转区社会－生态系统的综合研究提供了行之有效的方法，并提出了适应该区域可持续发展的模式与对策。

# 第二章

# 国内外研究综述

## 第一节　社会－生态系统发展

1968 年，Hardin 首先提出了"公地悲剧"理论。他设想了一个面向草原上所有农牧民都开放的公共草场，草原上所有农牧民都将试图增加养殖数量来获取更多的收益，这将导致草原的过度使用，导致草原发生退化现象（Hardin，1968）。如何解决上述危机？经济学家提出的方案可分为私有化和外部控制（Field，1985；Demsetz，1967；Ophuls，1973；Hardin，1978；Welch，1983；Smith，1981），然而，以 Ostrom 为代表的公共资源管理学派在研究公共资源治理的基础上，提出并发展了治理公共资源的制度和理论。公共资源管理学派在研究中发现，要实现公共资源的可持续管理，必须深入分析特定社会、经济和政治背景下，公共资源与使用者和管理者之间的关系。Ostrom（2009）以公共资源治理的理论为基础，提出了社

会 - 生态系统可持续发展分析框架，并在 *Science* 杂志上发表了
《社会 - 生态系统可持续发展总体分析框架》，引起了专家学者
对社会 - 生态系统理论的高度关注。由于她在公共资源治理方
面取得的卓越成就，被授予 2009 年度诺贝尔经济学奖。

随着社会的不断发展，人类活动对自然的渗透逐渐加强，
人们逐渐认识到自然与人类社会是相互作用的复杂的综合性系
统，需要寻求一种综合的理论框架把自然和人类社会联系在一
起进行研究。在几十年前，国内的专家学者提出"人地关系耦
合系统"（吴传钧，1991；陆大道、郭来喜，1998）、"社会 -
经济 - 自然复合生态系统"（王如松、欧阳志云，2012；马世
骏、王如松，1984）和有序人类适应性系统（叶笃正等，
2001）等人与自然相互关联的适应性系统的思想。近年来，越
来越多的国内学者开始关注社会 - 生态系统理论并进行实践研
究（王琦妍，2011；周晓芳，2017），杨新军等从社会 - 生态
系统的视角出发，运用各种方法和模型对某种特定系统的恢复
力和适应性等特征进行定性和定量分析（孙晶，2007；沈苏
彦，2014），这为区域可持续发展的研究提供了一个全新的研
究视角和方法。

## 第二节　社会 - 生态系统内涵

### 一　社会 - 生态系统定义

社会 - 生态系统理论虽在许多学科领域都得到了广泛关

注，但学者们对其概念仍未达成共识，不同的学者由于研究的内容和领域不同，对社会-生态系统的解释也有较大差异。Glaser 和恢复力联盟等提出了一个公认的概念，认为社会-生态系统是指由自然界的生物和地理元素以及相关的人类、活动规则、制度等组成的一个复杂的、具有适应性的、有一定空间或功能界限的系统，他们认为社会-生态系统由三个要素组成：自然、社会和政治要素（Glaser and Diele，2004）。

## 二 社会-生态系统的特征和属性

社会-生态系统是人与自然紧密联系的具有不可预期性、自组织性、多稳态、阈值效应、历史依赖等特征的复杂适应性系统（张向龙，2009；Ostrom，2009；王如松、欧阳志云，2012；马世骏、王如松，1984）。社会-生态系统按照某种形成的规则运行，在运行过程中，社会-生态系统受到来自外部的干扰时会自发地协调改变运行状态，形成某种结构（Ostrom，2009），这种自组织能力使社会-生态系统具有恢复和产生新功能的能力。社会-生态系统不是一个运行模式完全不变的系统，会时时刻刻受到内部和外部因素的干扰，当干扰超过系统能够承受的阈值时，系统就会进入一个新的稳态中（Allison and Hobbs，2004；Walker et al.，2004）。Walker 等提出了表征社会-生态系统演化轨迹的三个属性：恢复力，指系统能够承受来自外部的干扰并保持系统的结构、功能、特性在本质上不发生改变的能力；适应力，指系统参与者适应系统变化时的能力；转化力，指当生态系统或社会经济使目前的系统难以维持时，转变为一个全新系统的能力（张向龙，2009；王琦妍，2011；Walker et al.，2004；王俊等，2010；周晓芳，2017）。

## 第三节　社会－生态系统适应性循环

适应性循环是社会－生态系统重要演变理论，恢复力联盟描述了社会－生态系统的运行机制，并提出社会－生态系统适应性循环的开发（r）、保护（K）、释放（Ω）和更新（α）四个阶段（王琦妍，2011；Walker et al.，2004；余中元等，2014）。社会－生态系统适应性循环包括三个属性：潜力（Potential）、连通度（Connectedness）和恢复力（Resilience）（Pimm，1984）。潜力是指系统所拥有的资本；连通度是指系统内部各要素之间相互联系的强度；恢复力是指系统承受干扰的能力。将适应性循环的三个属性作为三维坐标轴，得到适应性循环的三维模型，见图2－1（周晓芳，2017）。从开发阶段到保护阶段系统的演变是相对比较慢的、不断积累的前向回路。在这个时期，社会－生态系统的生产和积累功能不断增强，潜力和连通度不断增强，恢复力逐渐减弱，系统变得越来越脆弱。从释放阶段到更新阶段系统演变是快速的、释放更新的后向回路。在这个时期，系统开始不断僵化逐渐处于临界点，微小的干扰就可能导致整个系统崩溃，使系统最终进入另一个系统稳态。在释放阶段，潜力和恢复力降低，连通度增强，进入更新阶段，新事物将会出现，经过前一过程的不断积累、变化、释放和创新，系统各要素将进行重新组合和分类，这时的系统处于无序状态，之后，新系统将慢慢形成，新系统的潜力和恢复力将逐渐增强，连通度较弱。

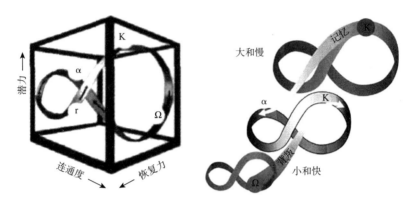

图 2 - 1　社会－生态系统循环模式

现实中，任何系统都不可能是单尺度的，都是多尺度和跨尺度的，因此，系统在释放和更新阶段不可能回到系统原点重新演变。考虑到多尺度和跨尺度的作用，以嵌套结构来描述适应性循环的演变比较合理。系统内不同层次的循环会通过"记忆"或"背叛"相互作用：首先，在开发阶段，新事物或多样性将不断产生，系统释放重组后，之前系统的特征将会被记忆，对未来系统的重组产生影响；其次，低层次之间的循环记忆有时候会对高层次之间的适应性循环产生影响（周晓芳，2017），使高层次的适应性循环"背叛"原有系统的记忆，开始一个新的系统循环（见图 2 - 1）。

# 第四节 社会－生态系统恢复力

## 一 社会－生态系统恢复力的定义

1973 年，生态学家 Holling（2001）将恢复力引入生态系统，将其定义为生态系统吸收变化并能继续维持的能力量度，认为生态系统的恢复力是系统改变状态前所能吸收的干扰的总量。Adger（2000）将恢复力引入社会系统，将社会系统的恢复力定义为人类社会承受外部对基础设施的打击或干扰（如环境变化、社会变革、经济或政治的剧变）的能力及从中恢复的能力。随着社会－生态系统理论的引入，Gunderson 和 Holling 将恢复力引入社会－生态系统，将其定义为系统经受干扰并可维持其功能和控制的能力，即恢复力是由系统可以承受并可维持其功能的干扰大小测定的。Carpenter 等（2001）则认为恢复力是在社会－生态系统进入一个由其他因素和运行规则控制的稳态之前系统可以承受的干扰大小；Walker 等（2004）认为恢复力是系统能够承受且可以保持系统的结构、功能、特性以及对结构、功能的反馈在本质上不发生改变的干扰大小。虽然对社会－生态系统恢复力的定义各有不同，但都具有一些相同点：①系统能承受的并仍保持原稳态的变化量（干扰）；②系统自组织的能力；③系统构建学习与适应能力的程度。

## 二　干扰

干扰是社会－生态系统恢复力的主要特征，也是测量社会－生态系统恢复力的主要方法。干扰可以分为正向干扰和负向干扰（侯彩霞等，2017）。正向干扰可以促进系统恢复力的增强，使系统维持原稳态，负向干扰对系统造成扰动，使系统内部结构发生动摇，系统原稳态可能发生崩溃，转向另一个新的系统稳态。干扰也分为系统内部干扰和系统外部干扰（Cumming et al.，2005）。系统内部干扰主要是系统内部结构变化造成的，主要形式是内在的、地方性的和小尺度的。系统外部干扰主要是指系统以外的因素如全球气候变化等对系统造成的影响，主要形式是外在的、区域的、全国的甚至全球的大尺度的。干扰还有快慢之分（Bennett et al.，2005），系统从一个稳态转化为另一个稳态有两种形式：一种是干扰积累到一定程度，超过阈值范围发生的转变；另一种是突变因素带来的干扰导致系统快速发生变化，转变为另一种稳态。

## 三　适应性

"适应性"一词起源于自然科学，尤其是进化生态学（崔胜辉等，2011；Winterhalder，1980；Futuyma，1979），目前主要使用在气候领域（赵雪雁，2014；Gandure et al.，2013；方一平等，2009；Mertz et al.，2009）。Julian Steward 最早将适应性的概念应用于人文系统，用"文化适应"描述一个区域社会如何依据自然环境调整自身行为（Mclaughlin and Dietz，

2008）。Denevan 把对适应性的解读从单纯的生物物理学拓展到包括政治、经济、社会在内的更大范围（Eriksen，2009）。Holling（1986，2007）认为社会－生态系统的适应性是人类管理自身行为的主要途径，是指参与系统行为者管理并适应环境变化的能力，随后整合了社会－生态系统各方面因素来分析适应性过程，进而提出了政策实施方案。同时，Berkes 等（2003）也认为适应性应该是包括人类社会与生态系统在内的社会－生态系统应对环境变化的能力。适应能力是组织、群体应对某种环境、政策变化的能力，包括社会－生态系统应对各种变化的能力（Smithers and Smit，1997），而适应性是适应能力的综合反映（Smit and Wandel，2006）。政治领域适应性研究的关键特点是个体或群体如何适应社会、政治、经济过程中发生的变化（周广胜等，2004；葛全胜等，2004）。

## 四　社会－生态系统恢复力理论模型

社会－生态系统恢复力主要包括三个方面（Walker et al.，2004）。①范围（Latitude，L），系统在丧失恢复力前可改变的最大量；②抗性（Resistance，R），改变系统状态的难易程度；③不稳定性（Precariousness，Pr），系统距阈值的距离。Walker 等（2004）用"球盆理论"模型对恢复力进行描述（见图2－2）。它将系统描述为一个处于盆地中的球，盆地是一个维持着系统原稳态的区域。"球盆理论"包括状态空间、吸引盆地和稳定性景观三个主要的概念：状态为构成系统的变量，在某个区域，物种与环境相互作用从而产生功能和结构上的一种状态，形成状态空间；吸引盆地指系统所在的区域，系统在该区域中维持着一种固定的运行模式和规则；稳定性景观是指系统所占据的各种盆地以及盆地间的分界线。外部干扰和内部结构的相互作用都可能改变系统原来的结构和功能。当盆地中的球受到外界扰动或者内部相互作用时会发生位移，当扰动大于系统的恢复力时，球将移出盆地，即系统超出阈值，改变原稳态进入另一个稳态，这种改变一旦发生，则系统很难恢复到原稳态（Gunderson，2000；Holling，1996；Berkes and Seixas，2005）。

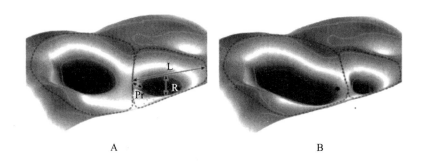

A             B

图 2 - 2　社会－生态系统恢复力的"球盆理论"

## 五　国内外社会－生态系统恢复力研究

社会－生态系统恢复力反映了复杂适应系统进行自组织、学习并构建适应力的能力（Carpenter et al.，2001；Walker et al.，2004；Berkes and Seixas，2005；Folke et al.，2002）。随着对社会－生态系统研究的不断深入，许多国外学者对社会－生态系统的恢复力及其测定进行了研究。Adger（2000）以及 Smit 和 Wandel（2006）等运用社会－生态系统研究海岸带复杂系统的恢复力和应急减灾机制，他们将海岸带社会－生态系统的恢复力分为生态恢复力和社会经济恢复力两部分，认为海岸系统是动态的、不断变化的，系统在动态的环境中经受周期性的飓风、洪水等干扰，自组织能力能够保证系统在结构和性质上不发生改变。他们认为谋生手段的多样性、社会具备的知识、地方应急机构等都是缓冲极端自然灾害、促进系统再组织的重要资源。Berkes 和 Seixas（2005）构建了湖泊的社会－生态系统恢复力理论，并提出了研究恢复力的 4 个方面：①系统的不确定性；②系统组成要素的多样性；③各要素之间的相互联系；④系统的自组织性。Milestad 和 Hadatsch（2003）运用社会－生态系统理论对农业区的恢复力和适应力进行了分析研究，并提出了提高恢复力和适应力的建议。Walker 等（2006）运用恢复力理论对土壤生物种群的干扰和恢复力做了研究，认为干扰是社会－生态系统恢复力的主要测量方法。

近年来，社会－生态系统理论框架受到国内学者的关注。如史培军等从社会－生态系统视角阐述了风险防范的凝聚力模式，并从社会－生态系统的恢复力角度分析了灾害的恢复力和灾害风险管理（史培军等，2014；刘婧等，2006）。王群等（2014，2016）、王琦妍（2011）和杨新军团队（2011，2015）对社会－生态系统理论做了详细的研究，并定量分析了干旱区社会－生态系统恢复力和脆弱性。冯剑丰等（2010）和余中元等运用社会－生态系统恢复力理论分析了在随机干扰下湖泊系统的稳定性和脆弱性，并对系统恢复力驱动机制和系统稳态的转换做了详细研究。张向龙（2009）、王俊等（2009，2010，

2013）对半干旱区社会－生态系统的受干扰状况、干扰的分布以及系统的动态演化机制进行了研究。

综合前人的研究发现，社会－生态系统越来越受到研究者们的关注，其中社会－生态系统的恢复力是研究的重点，专家学者们从不同的角度对恢复力进行了研究。但研究大都停留在理论层面，用恢复力的理论来解释当前现象，还有一部分研究从生态系统、社会系统和经济系统各方面对系统进行研究，并没有详细阐述社会－生态系统的耦合关系。还有一小部分研究尝试定量地分析一个区域的社会－生态系统的恢复力，但是都没有找到一个合理的方式将生态系统和社会经济系统结合起来，找出它们之间的耦合关系，整体分析社会－生态系统这个复杂的适应性系统。因此，找到一个更加合理的方法表达社会－生态系统是当前迫切需要解决的问题。

## 第五节　沙漠化研究的发展

早在 20 世纪 30 年代，美国和苏联就开始了对沙漠化的研究。由于大规模地开垦农田进行农业生产，美国中西部地区土壤沙漠化严重，由此专家学者们开始了对美国中西部地区土壤沙漠化的研究。在同一时期，苏联针对受风沙危害严重的铁路沿线区域开展了防风治沙研究，并创造性地提出了工程与生物相结合的方式，建立了农田防治风沙林网（王涛，2009）。

20 世纪 40 年代，法国植物学家 Aubreville 在研究非洲撒哈拉地区的热带雨林演变为沙漠的过程时，首次运用了"Deserti-

fication"一词。20 世纪 60 年代末到 70 年代初，撒哈拉地区沙漠化发展迅速，产生了环境恶化、经济停滞、政局动荡等一系列严重问题，引起国际社会的广泛关注。1975 年，联合国通过了"向沙漠化进行斗争行动计划"，并于 1977 年在肯尼亚内罗毕召开了荒漠化大会。沙漠化逐渐成为一门独立学科，各国也相继开展了针对沙漠化问题的研究，研究的主要内容包括沙漠化形成的原因（Schlesinger and Reynolds，1990）、沙漠化形成的过程（Tucker and Newcomb，1991）、沙漠化的动态监测和评估（朱震达、王涛，1992）、沙漠化的防治（吴波等，2006）等。

20 世纪 90 年代，越来越多的专家学者开始关注人类活动对沙漠化的影响，将人类活动全面纳入沙漠化研究的评价指标框架中（樊胜岳、徐建华，1992）。21 世纪，学者通过将生态学、生物学、社会学和经济学等学科结合起来对沙漠化进行综合性研究，同时，对沙漠化逆转区生态环境和人类活动相互作用的研究也开始被关注（Babaev，1999；张秀娟等，2013）。

我国的沙漠化研究起步于 20 世纪 50 年代初，前期的沙漠化研究工作以野外考察为主（朱震达，1989），结合铁路选线工作，对铁路沿线的风沙地貌和风沙活动进行了初步观测，并开展了沙漠化地区的农田防护林试验研究和建设。以中国科学院沙漠化治理团队为主，对中国北方各大沙漠进行了综合考察，对沙漠化地区的自然环境、风沙运动规律、农田和草场防风固沙、沙漠化地区的水土资源合理开发利用等方面开展了比较系统的研究，并开展了防风固沙的试验研究，探寻各种治沙措施。

20 世纪 60 年代到 70 年代中期，沙漠化研究工作以治理沙害为主，并对一些地区开发后自然条件变化和沙区水土资源开发利用展开研究，同时，建立了一支专门研究沙漠的科研队伍，并建立了中国第一个风洞实验室，为未来沙漠化治理研究奠定了基础。

自 1977 年联合国举行荒漠化大会之后，中科院兰州沙漠研究所开展了中国北方土地沙漠化的综合研究，开始关注生态系统破坏和土地沙漠化等问题。到 20 世纪 90 年代后期，中国的沙漠化研究已初步形成了科学的理论框架和研究方法。进入 21 世纪，中国的沙漠化研究进入了一个新的发展时期。学者结合沙漠化防治的基本理论，总结了中国北方地区的沙漠化治理过程和实践活动中存在的问题，开展了多学科之间的综合研究，使我国沙漠化研究的学科理论体系得到不断完善，研究方法不断升级，研究的科学水平不断提升，同时，对沙漠化的研究也取得了较好的生态、社会和经济效益（王涛等，2006），使中国的沙漠化科学在国际沙漠化研究领域占据重要地位。

## 第六节　沙漠化概念及成因

### 一　沙漠化概念

法国生物学家 Aubreville 于 1949 年首次提出沙漠化——"Desertification"一词。随着沙漠化研究的不断深入，以及对沙漠化理解的侧重点不同，出现了不同的沙漠化定义，引发了很多学者的争议。从自然景观的变化方面来说，沙漠化主要指在干旱、半干旱及部分半湿润气候区，过去没有发生和出现沙漠景观和地表形态的地区，出现以风沙为动力，以风沙活动为标志的一系列气候地貌过程，主要表现为沙漠景观的出现、扩展和蔓延（杨根生等，1986；苏志珠、董光荣，2002；Le-houerou，1984）；从沙漠的扩展和植被退化角度来看，沙漠化是指广泛分布于地球表面的典型沙漠景观和地形受到影响，扩展到邻近非沙漠地区并导致这些地区植被多样性及形态退化的过程（Houerou，1975；Kovda，1980）；从人类活动对沙漠化的影响来说，沙漠化主要指社会经济压力与脆弱的生态系统相互作用下，人类社会经济活动中进行的如过度放牧、开垦荒地以及其他不合理的土地利用方式，破坏地区生态环境平衡，导致出现风沙活动和沙漠景观的过程（Anaya-garduão，1977；Tolba，1978；王涛、朱震达，2003；Plan，1992）；还有观点认为气候变异等自然环境因素和人类活动等人为因素共同导致了沙漠化的发展，把沙漠化定义为在干旱、半干旱和部分半湿润地区，由于自然和人为原因，生态系统的稳定性和土壤肥力下降，出现了以风沙活动为主的沙漠化景观（Babaev，1999；Kassas，1976；吴正，1991；Dregne，1977）。

## 二 沙漠化成因

关于沙漠化形成原因的研究，不同学者的解释差异较大，根据对前人研究结果的总结，可将沙漠化的成因分为三类：第一类为自然气候主导说，第二类为人类活动主导说，第三类为综合自然和人文因素的综合因素说。

在 20 世纪 80 年代之前，更多的专家学者认为沙漠化是由不合理的人类活动造成的。不少历史地理学家对沙漠化成因展开了研究，陈育宁考察了鄂尔多斯地区沙漠化成因，认为秦汉、唐朝、清末三次大规模的开垦是造成该地沙漠化的主要原因（陈育宁，1986）。朱士光考察了毛乌素沙地的沙漠化日益严重的成因，认为自唐代以来，人类不断开垦耕地，导致草原沙漠化问题日益严重（朱士光，1982）。还有一些专家学者认为人类活动对生态系统的作用是比较缓慢的过程，但是对生态系统的影响是不断累积的，累积到一定程度的时候，量变会引发质变（胡智育，1984），人口不断增加，农业和畜牧业不断发展，对草原的过度开垦和放牧以及频繁的战争是造成草原地区土地沙漠化的关键因素（冯季昌、姜杰，1996）。

自然气候主导说主要形成两种观点。第一，沙漠化的形成主要是全球气候变化异常，尤其是气候变暖导致沙漠化程度进一步提高；第二，沙漠化的形成主要是气候干旱、大风天气、降水量变化大、土壤含沙量大等自然因素导致的。坚持这种观点的主要以著名沙漠化研究专家董光荣为代表。20世纪 80 年代以后，学者们关于干旱半干旱地区沙漠化成因做了大量的工作，认为自然因素在沙漠化过程中起首要作用（董光荣等，1983），指出不合理的人类活动对沙漠化的形成有影响，但是自然环境的作用才是第一位的，人类活动对沙漠化的形成只是起到了加速、加剧或者延缓、减弱的作用（董光荣等，1988）。

随着对沙漠化研究的不断深入，越来越多的学者认为沙漠化不是单一的人类活动或自然气候造成的，而是两者共同作用的产物（朱震达，1989；杨永梅等，2010；赵哈林等，2000）。基于前人的研究，许多学者提出了不同时空下沙漠化的成因，他们认为不同时空下，不同的因素主宰了沙漠化的形成，在千年的大尺度上，气候变化是沙漠化形成的主要原因，在百年的中等尺度上，沙漠化的形成原因以气候变化为主，不合理的人类活动为诱因，在几十年的尺度上，主要是由人类不合理的生产活动引起土地沙漠化（杨根生等，1986；史培军，1992）。

### 三 沙漠化逆转

近年来，有专家学者开始对沙漠化逆转进行关注和研究，主要从生态学、生物和物理学方面研究沙漠化逆转过程中的土壤性质、植被变化等。如王涛等在研究近 35 年来中国北方土地沙漠化趋势时发现从 2000 年开始沙漠化发生逆转（王涛等，2011），崔旺诚运用耗散理论研究了沙漠化逆转过程在时间上和空间上的变化（崔旺诚，2003），马全林和段争虎等研究了沙漠化逆转过程中土壤的物理和化学性质、土壤的养分含量和水分的空间变化以及土壤的种子库变动等（马全林等，2010；徐丽恒等，2008；靳虎甲等，2008；陈小红等，2010；陈小红等，2013；陈小红等，2010）。虽然有些学者从社会经济方面对沙漠化逆转区进行研究，如侯彩霞等定量地评价了沙漠化逆转的过程以及沙漠化逆转区的脆弱性（侯彩霞等，2017；王娅、周立华，2018；王娅等，2018）、生态政策下沙漠化逆转区农村社会经济发展的可持续性（王晓君等，2014）、逆转区农户生计资本的变化情况（王娅等，2017）以及农户对沙漠化逆转区生态政策的适应性（侯彩霞等，2018），马永欢等（2006）从生态政策方面对沙漠化的逆转进行了评价，并提出相应的政策转变的建议，但从社会－生态系统角度对沙漠化逆转和恢复的综合性研究尚处于初始探索阶段。

　　通过对沙漠化和沙漠化逆转方面的文献进行综述，可以发现目前对沙漠化研究的重点依然是沙漠化治理，对沙漠化逆转区的管理方面关注较少。随着对沙漠化理解的进步和研究工作的不断深入，越来越多的人意识到自然与人类活动深刻而复杂的关系，沙漠化不仅是自然环境的变化导致的，人类活动对沙漠化的影响也十分巨大，有些区域人类活动甚至起主要作用。当前对沙漠化治理的成效越来越显著，许多区域沙漠化逆转程度较高，部分学者将研究视角转向了沙漠化逆转区的生态环境变化，还有部分学者开始关注沙漠化逆转区人类活动对保护治沙成果所起的作用，以及如何调整人类活动方式，避免沙漠化再次出现。沙漠化逆转区本身生态环境脆弱，保护长期以来的沙漠化治理成果至关重要，稍有不慎，该区域将再次沙漠化。因此，研究沙漠化逆转区复杂的社会－生态系统运行规律，制定合理生态政策，保护沙漠化逆转区的生态环境是当前研究的一个重点。

# 第三章

# 研究区概况

## 第一节 自然概况

### 一 地理位置和地貌特征

盐池县位于中国大陆中北部、宁夏回族自治区东部，北纬 37°04′~38°10′，东经 106°30′~107°41′（见图 3-1）。盐池县地处陕、甘、宁、蒙四省（区）交界地带，西接灵武市、同心县，北与内蒙古接壤，东与陕西省相邻，南与甘肃省毗邻，自古就有"西北门户、灵夏肘腋"之称，是宁夏交通的东大门，盐池县南北长约 110km，东西宽约 66km，总面积约 8522.2km$^2$。盐池县地势自东南向北由黄土高原向鄂尔多斯台地（沙地）过渡，海拔 1295~1951m。南部黄土高原丘陵区是我国黄土高原的西部边缘地区，面积为 1400km$^2$，占盐池县总面积的 16.4%，海拔在 1600m 以上，地形起伏，水土流失严

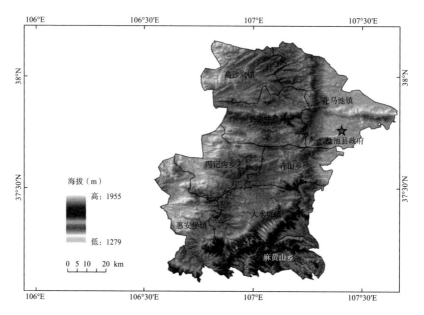

**图 3 - 1　研究区概况**

重。北部的鄂尔多斯台地的面积为 5588.6km²，占全县总面积的 65.6%，海拔在 1400～1600m，大部分为缓坡滩地。随着当地人口不断增加，不合理地开垦荒地，大面积乱挖甘草和严重超载放牧，造成盐池县土地沙漠化严重。到 2000 年，盐池县沙化地约 2523.3km²，占盐池县总面积的 29.6%。

## 二　气候和水文特征

按照中国的气候区划，盐池县位于季风气候区和大陆性气候区的交界线上，但是由于盐池县东南高西北低的特殊地形，东南部的暖湿气流无法越过高原和秦岭山地进入盐池县，且盐池县西北部较为平坦，西北西伯利亚寒冷气流可以长驱直入，因此盐池县属于典型的中温带大陆性气候。盐池县热量分布为北部高南部低，年平均气温北部为 7.7℃，南部为 6.7℃（见图 3 - 2），气温冬冷夏热年温差大。最冷是 1 月份，平均气温 -8.7℃；最热是 7 月份，平均气温 22.4℃，高于等于 10℃积温为 2944.9℃，无霜期为 128 天。年日照时数北部为 2867.9 小时，南部为 2789.2 小时，年太阳辐射值为 140 大卡/厘米²。盐池县日照时间长，太阳辐射热值高，光能资源丰富，无霜期短且不稳定，能够满足县内大部分一年一熟的农作物和牧草的生长需要，且有利于植物生长、改良农作物品质以及提高农作物产量。

盐池县年均降水量不足 300mm，降水分布差异较大，从东南向西北地区逐渐递减（见图 3 - 3），但蒸发量却是降水量的 6～7 倍。由于季风的影响，降水主要集中在夏秋两季，占全年降水量的 62%。降水年际变化大。盐池县境内没有大河流，水源补给主要来自降水，水质较差。全县饮用水以井水为主，占 72%，泉水仅占 3%，其余是窖水和沟水。盐池县水资源总量为 $3.98 \times 10^7 m^3/$年，其中地表水 $1.93 \times 10^7 m^3/$年，地下水开采储量 $2.05 \times 10^7 m^3/$年，可利用水总量 $2.25 \times 10^7 m^3/$年。

### 三　土壤和植被特征

盐池县主要的土壤类型为灰钙土、风沙土和黑垆土。在县域的中北部，土壤类型以灰钙土和风沙土为主，其中灰钙土面积约为 2667km²，占全县总面积的 31.3%，由灰钙土风化形成的风沙土面积约为 2533km²，占全县总面积的 29.7%。县域南

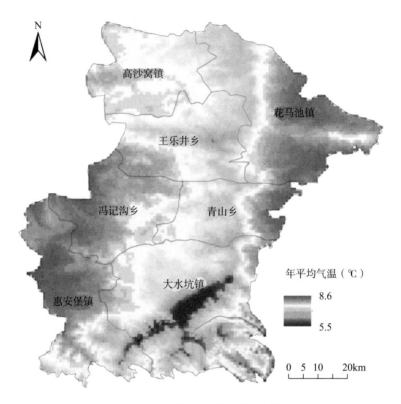

图 3-2　盐池县年平均气温空间分布

部黄土高原区的土壤类型以黑垆土为主，面积约 1333km²，占全县总面积的 15.6%。综合而言，盐池县大多数地区的土壤结构松散，肥力较低。南部黄土丘陵区的土壤成土母质为黄土，表层土壤具有黄土的特征，易被暴雨冲蚀，水土流失严重。北部鄂尔多斯缓坡丘陵区的土壤含沙量大，易受风蚀而沙化。盐池县属于草原区，植被类型以灌丛、草原、草甸、沙地植被和荒漠植被为主。盐池县天然草场面积为 5563.3km²，占全县总面积的 65.3%，主要分为干草原草场类、荒漠草原草场类、沙

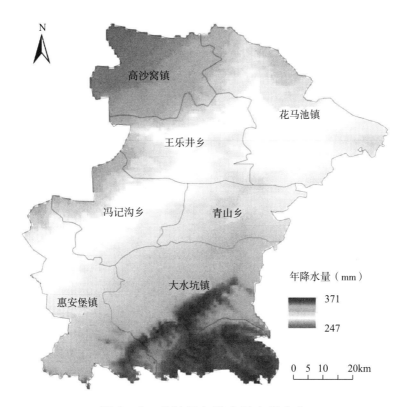

图 3 - 3 盐池县年降水量空间分布

生植被草场类和盐生植被草场类四类。

## 第二节 社会经济概况

### 一 辖区和人口

盐池县现辖花马池镇、惠安堡镇、高沙窝镇、大水坑镇、王乐井乡、青山乡、冯记沟乡、麻黄山乡四镇四乡。2015 年末，全县有 65163 户 17.03 万人，人口密度为 19.90 人/km²。其中，农业人口 134908 人，占全县人口的 79.24%，非农业人口 35351 人；分乡镇看，花马池镇 57527 人，大水坑镇 25012 人，惠安堡镇 19291 人，高沙窝镇 11552 人，王乐井乡 22021 人，冯记沟乡 11027 人，青山乡 12410 人，麻黄山乡 11419 人。2015 年全县常住人口为 15.40 万人；其中城镇人口 6.33 万人，乡村人口 9.07 万人，城镇化率为 41.10%。全县人口出生率为 12.95‰，死亡率为 4.18‰，自然增长率为 8.77‰。

## 二 经济发展

自国家生态政策实施以来，盐池县社会经济发展较快，2015 年盐池县地区生产总值达到 $6.4 \times 10^9$ 元，人均地区生产总值达到 41725 元。三次产业结构也发生很大变化，从三次产业对经济增长的贡献来看，三次产业对经济增长的贡献率分别为 9%、57% 和 34%。第一产业比例快速下降，第二产业比例快速提高，第三产业有所下降（见图 3 - 4）。

截至 2015 年，全县有耕地 88886 hm²，人均 0.52 hm²，其中水浇地 13534 hm²。2015 年完成植树造林面积 11275 hm²，年末实有封山育林面积 20444 hm²。2015 年农林牧渔及其服务业总产值 $1.29 \times 10^9$ 元，其中农业 $5.46 \times 10^8$ 元，牧业 $5.97 \times 10^8$ 元，林业 $6.54 \times 10^7$ 元。生态政策实施以来，盐池县农业和牧业总产值增长较快，林业总产值保持不变，农业和牧业占农业经济的主导（见图 3 - 5）。盐池县主要农作物为玉米，经济作物为甘草、胡麻等。畜牧业主要为滩羊养殖。2015 年盐池县工

业总产值 $7.53 \times 10^9$ 元，工业以粗放的矿产采掘业为主，其中绝大部分来自石油和煤炭开采。

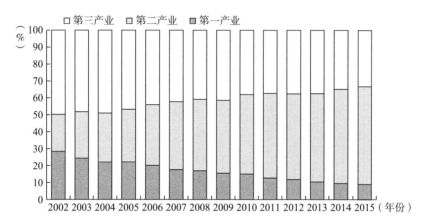

图 3-4 生态政策实施以来盐池县三次产业结构

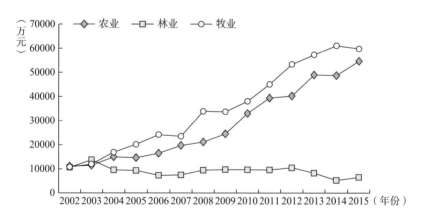

图 3-5 生态政策实施以来盐池县农林牧业生产总值

国家生态政策实施以来，盐池县城乡居民收入有很大提高，尤其是 2006 年以来，城乡居民收入增长加快。2015 年，盐池县城镇居民人均可支配收入为 20920 元，农村居民人均纯收入为 7674 元，城镇居民人均收入增长速度远远大于农村居民，收入差距较大，城镇居民人均生活消费水平也远远高于农村居民。农村居民人均纯收入和人均生活消费支出增长曲线基本一致，可见农村居民每年的收入几乎全部用于消费支出（见图 3 － 6）。

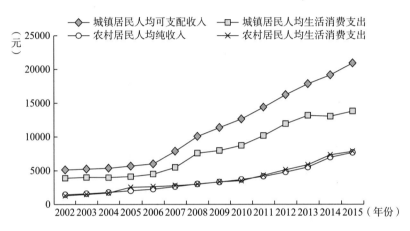

图 3 － 6　生态政策实施以来盐池县城乡居民收支情况

## 三　社会发展

近年来，盐池县养老、教育、医疗卫生等社会保障体系进一步完善，全面实施城乡居民大病、慢病保险制度。2015 年末，盐池县新增就业人员 1985 人，城乡登记失业率为 3.60%；全县参加养老保险人数为 15412 人，参保率为 9.05%，且养老保险金额大幅提高；参加失业保险人数为 5735 人；城乡居民参加医疗保险人数为 137979 人，参保率为 81.04%；城镇居民最低生活保障人数为 3112 人，农村居民最低生活保障人数为 12618 人。

盐池县现有各级各类学校 62 所，在校学生 27714 人。小学和初中入学率均为 100%，高中入学率为 74.31%。九年义务教育制度进一步完善，且全部免除普通高中学生课本费、学杂费等费用。全县建立了国家二级图书馆、文化馆、革命烈士纪念馆、博物馆、档案馆、滩羊馆，有 8 个乡镇文化体育活动中心和 20 处健身活动站，且村村建设乡村大舞台以及健身活动配套设施等。

2015 年盐池县有医疗卫生机构 135 家，其中县级综合医院 1 家，中医院 1 家，民营医院 1 家，乡镇卫生院 8 个，疾病预防控制中心 1 所，妇幼保健院 1 所，卫生监督所 1 所，社区卫生服务站 1 所。共有卫生专业技术人员 488 人，卫生机构现有病床数 638 张，每千人拥有床位数和医生数分别为 3.80 张和 1.60 人。盐池县医疗卫生条件不断改善。全县有老年人福利服务中心 1 个，有各种收养性社会福利单位的床位 266 张，收养 148 人。

# 第四章

# 沙漠化逆转区社会－生态系统干扰分析

　　干扰理论被认为是社会－生态系统重要理论（王群等，2015；陈娅玲，2013），是测量社会－生态系统恢复力的重要方法（陈娅玲，2013）。植被变化是区域社会－生态系统变化的最直接反映，遥感技术为区域植被变化的监测提供了数据支持，基于 NDVI 数据的多尺度社会－生态系统干扰分析，可以评价当前社会－生态系统受干扰的强度及其周围环境受干扰的可能性，为社会－生态系统的管理提供数据支持。

　　沙漠化逆转区生态环境十分脆弱。自 2000 年以来，国家在研究区持续实施了退耕还林和禁牧政策，致力于抑制和逆转当地的沙漠化，已取得了一定成效。如何科学地维持研究区社会－生态系统的正常运转，保护沙漠化治理成果，成为当前研究的重点。本章选择 2000 年、2004 年、2008 年、2012 年和2015 年五个时期的 MODIS NDVI 产品数据，用移动窗口法计算了不同空间尺度下盐池县社会－生态系统的干扰强度（PD）和干扰连通度（PDD），并根据社会－生态系统的干扰强度、干扰连通度分析了盐池县在生态政策实施期间社会－生态系统受干扰情况。

## 第一节　数据来源及研究方法

### 一　数据来源

MODIS NDVI 产品数据因其高时间分辨率的特点被广泛应用于植被变化的研究中，本章选择 2000 年、2004 年、2008 年、2012 年、2015 年 6～8 月的 MODIS NDVI 产品数据来表征盐池县的植被变化，利用 MRT（MODIS Reprojection Tool）软件对数据进行投影变换，并用最大值合成法 MVC（Maximum Value Composites）对数据进行合成（Holben，1986）。Zurlini 等（2005）认为，四年作为一个时间窗口可以反映农业生产、干旱、畜牧和政策等引起的 NDVI 的变化，若时间间隔太长，可能忽略沙漠化逆转区在逆转过程中的干扰变化，若时间间隔太短，则沙漠化逆转区社会－生态系统所受的干扰变化可能无法形成。为了评估盐池县社会－生态系统干扰在时间和空间上的变化，基于当地的实际情况及数据的可得性，本章选择 2000～2004 年、2004～2008 年、2008～2012 年、2012～2015 年四个时间段的 NDVI 数据，计算不同时期盐池县社会－生态系统的干扰值和干扰连通度。

## 二 研究方法

### 1. 干扰测算

Petraitis 等（1989）认为，一个地区在两个不同年份 NDVI 的变化称为干扰，在草原地区，当 NDVI 数值变很大时，说明当地草原植被覆盖增加明显；当 NDVI 变很小时，则说明草原破坏明显，植被退化严重。本章通过计算两个不同时期 NDVI 的差异来辨别系统所受干扰情况，计算方法采用 Zurlini 等（2006b）使用的公式：

$$D(x,y) = \frac{[f_{\tau 2}(x,y) - f_{\tau 1}(x,y)] - m}{\sqrt{S_{\tau 1}^2 + S_{\tau 2}^2 - 2cov\,\tau_1\tau_2}} \qquad (4-1)$$

其中，$f_{\tau i}(x,y)$ 为第 $i$ 年的 NDVI 像元值，$m$ 为两幅图像像元差异的平均值，$S_{\tau i}^2$ 为一幅 NDVI 图像上所有像元的方差，$cov\,\tau_1\tau_2$ 为两幅图像的协方差。

计算的结果为一幅灰度图像，NDVI 是一个连续的变量，为了界定干扰，我们必须建立一个阈值，当观测到的变化超过阈值时，该像元便可以视作变化的或受干扰的像元（Petraitis et al.，1989）。阈值是根据标准差主观设定的，选择不同的阈值，灰度图中受干扰的像元数是不一样的。本章参考前人的研究，将 $D(x,y)$ 经验分布的固定比率（10%）设置为干扰的阈值，获取沙漠化逆转区的干扰二值图。这种选择降低了在高比率分析时出现的"背景噪声"或抑制了在低比率分析时对少数极值的过分强调（Zurlini et al.，2006a）。

## 2. 多尺度干扰模型

通过设置不同大小的移动窗口，可以定量计算像元在不同大小窗口内的干扰值（PD），并讨论该像元在不同大小窗口内的干扰连通度（PDD），从而综合表达该像元自身及其周围环境的受干扰状况。本章借鉴 Zurlini 等（2006a）和王俊等（2009a）的研究成果并根据研究区的实际情况，选取了 10 组不同大小的移动窗口计算每个像元的 PD 和 PDD。窗口的大小分别为 $3 \times 3$（$0.56km^2$），$5 \times 5$（$1.56km^2$），$7 \times 7$（$3.06km^2$），$9 \times 9$（$5.06km^2$），$15 \times 15$（$14.06km^2$），$21 \times 21$（$27.56km^2$），$27 \times 27$（$45.56km^2$），$33 \times 33$（$68.06km^2$），$39 \times 39$（$95.06km^2$），$45 \times 45$（$126.56km^2$）。对每个窗口，统计像元及其周围像元的干扰像元的数量，计算中心像元的干扰值和干扰连通度（Riitters et al.，2000；王海春等，2017）。以 $3 \times 3$ 窗口为例，具体的算法如图 4－1 所示，对于一个固定的像元，其 PD 和 PDD 随着窗口大小的变化趋势可以解释该像元在不同空间范围内干扰的变化，如当像元在小窗口内 PD 值很高而在相同位置大窗口内 PD 值很低，说明该像元为高干扰的小窗口镶嵌在低干扰的大窗口内。

对于图 4－1，灰色表示干扰，白色表示不干扰。因此中心像元的干扰值 PD ＝6/9；窗口任意相邻的两个像元两两组合共有 12 对，其中至少有一个像元为干扰像元的组合为 11 对，两个像元同时为干扰像元的组合有 5 对，因此中心像元的干扰连通度 PDD ＝5/11。

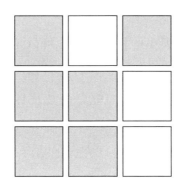

图 4－1  社会－生态系统干扰像元

## 第二节  社会－生态系统干扰的空间分析

根据公式（4－1）计算 2000~2004 年、2004~2008 年、2008~2012 年和 2012~2015 年四个时期的 NDVI 变化，并取像元经验分布的 10% 作为干扰像元，用图 4－1 所示 PD 的计算方法分别计算 10 个窗口下的干扰值。空间聚类的方法可以研究不同干扰类别在空间上的差异，而类别内部差异较小。分别将各个时期 10 个窗口生成的 PD 图层聚为 7 类，其空间分布如图 4－2 所示，集群 C1~C7 的 PD 值逐渐增加。

研究结果显示，不同时间段内盐池县社会－生态系统干扰的空间分布具有较大差异，2000~2004 年强干扰主要集中于县域南部；2004~2008 年强干扰在北部、中部均有出现，南部的强干扰消失；2008~2012 年强干扰的空间分布与 2000~2004年类似，但南部的强干扰分别位于东、中、西三个小区域，并没有集中于一个区域，且北部强干扰区域进一步增强；2012~

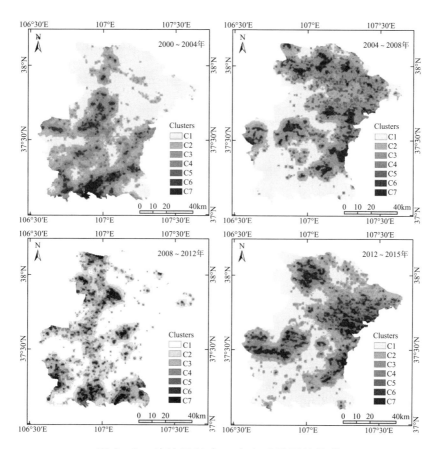

**图 4 - 2　盐池县社会－生态系统干扰聚类**

2015 年强干扰的区域主要集中于县域的东北部、中西部和西
北部。

　　统计结果显示，2000～2004 年，盐池县社会－生态系统受
干扰最强的集群 C6 和 C7 所占面积分别为 329.43km² 和
123.09km²（见表 4 - 1），主要分布于南部山区。主要是因为
南部地区地势较高，以山地为主，从 2000 年国家实施退耕还
林工程后，人们开始积极在南部山区推进退耕还林工程，通过

对 NDVI 的分析发现南部山区的植被变化较大且以增加为主（黄文广，2012；张克斌等，2006），说明采取沙漠化治理措施之后，盐池县南部地区社会－生态系统受到正向的干扰。

表 4－1　盐池县社会－生态系统受干扰面积

| 2000～2004 年 | | 2004～2008 年 | | 2008～2012 年 | | 2012～2015 年 | |
|---|---|---|---|---|---|---|---|
| 集群 | 面积（km²） | 集群 | 面积（km²） | 集群 | 面积（km²） | 集群 | 面积（km²） |
| C1 | 3031.56 | C1 | 2433.00 | C1 | 3002.63 | C1 | 2601.24 |
| C2 | 1766.57 | C2 | 1535.54 | C2 | 1570.75 | C2 | 1561.13 |
| C3 | 713.83 | C3 | 961.60 | C3 | 821.07 | C3 | 630.95 |
| C4 | 583.49 | C4 | 602.93 | C4 | 627.75 | C4 | 769.37 |
| C5 | 280.23 | C5 | 610.56 | C5 | 370.80 | C5 | 480.67 |
| C6 | 329.43 | C6 | 437.38 | C6 | 224.56 | C6 | 386.96 |
| C7 | 123.09 | C7 | 247.20 | C7 | 210.64 | C7 | 397.87 |

2004～2008 年，盐池县社会－生态系统受干扰面积进一步扩大，受干扰最强的 C6 和 C7 分别为 437.38km² 和 247.20km²，比上个阶段增加了 232.06km²。从空间上来看，受干扰最强的 C7 从南部转移到了中部和北部地区，北部地区的干扰集群出现连续分布的特征，而中部地区的干扰集群则呈现孤岛式的分布特征。这主要和人类活动有关，由于前一阶段人们活动主要是在南部山区，经过一段时间的退耕还林工程后，南部山区生态环境得到恢复。这个时期人们活动的焦点主要是北部和中部的草地和荒漠区，对这些地区实施了禁牧封育政策，使得这些区域草地得到很好的恢复。

2008～2012年，盐池县社会－生态系统受干扰最强的C6和C7面积有所减少，分别为224.56km$^2$和210.64km$^2$，比上个阶段减少了249.38km$^2$。从空间上来看，受干扰的地区主要出现在西部和南部地区，而且分布较分散。这些地区主要是草原和荒漠区，由于禁牧政策以及其他防沙治沙工程的继续实施，草地和荒漠地区生态环境得到了恢复。而且南部山区受到降水的影响（乔锋等，2006）。因此，在这个时期南部地区也受到很强的干扰。

2012～2015年，盐池县社会－生态系统受到的干扰进一步增强，受干扰最强的C6和C7面积扩大，达到386.96km$^2$和397.87km$^2$，尤其是C7的面积，远远超过了前三个时期。从空间上来看，这个时期干扰主要集中分布在盐池县的西北、东北和中西部地区，且呈现聚集分布的态势，说明在此期间社会－生态系统受到的干扰更为聚集。这主要是由于2011年开始实施的草原生态保护补助奖励机制，而这些受干扰强烈的地区大都是草原和荒漠区，在政策和利益的驱动下，当地的草原得到了很好的保护，荒漠化地区得到很大程度的恢复。

由此可见，沙漠化逆转区社会－生态系统比较脆弱，很容易受到干扰，而干扰主要是人类活动和自然环境共同作用的结果，尤其是政策和降水对当地的影响比较强烈。通过分析植被NDVI的变化可知，盐池县社会－生态系统受到的干扰以正向干扰为主，当地植被恢复明显，但是也有一部分是负向干扰，比如降水减少，土壤结皮以及当地"偷牧"现象的存在，对植被恢复造成了一定影响。

## 第三节　社会－生态系统干扰的强度和连通度

### 一　社会－生态系统干扰的强度

本书分别计算了每个时期各集群在不同移动窗口下干扰的平均值（见图4－3），从而对各集群在不同空间尺度上的受干扰状态进行分析。结果显示，在四个阶段中，C1和C2不论在小窗口还是在大窗口，PD的平均值都为0～0.1，很少发生变化或保持不变，说明C1和C2受到的干扰很小，包含了所有几

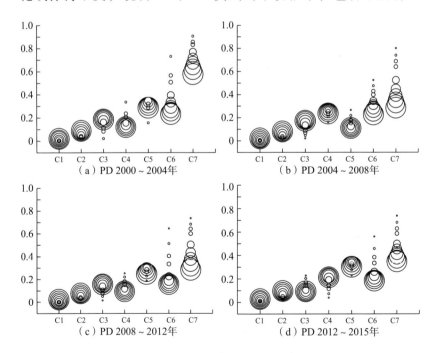

**图4－3　盐池县社会－生态系统干扰值**

注：气泡大小代表移动窗口的大小。

乎未受干扰的区域。2000～2004年，C7在最小窗口上的PD值接近0.9，随着窗口的增大，PD值不断减小，但是最小值也大于0.6，说明C7在该时期受干扰强度最大。其他三个时期的C7在最小窗口上的干扰值接近0.8，随着窗口的扩大，PD值不断减小，最小值在0.3左右。C6干扰强度随窗口扩大而逐渐减小，2000～2004年，C6的PD值在0.2到0.8之间，其他三个时期PD值在0.2到0.6之间。C6和C7几乎包含了所有受干扰比较强的区域。C3、C4、C5干扰值有很大的差异，代表了干扰的不同类型，反映了干扰在不同窗口下的空间变化。比如，2000～2004年的C3，在小的区域内不受干扰，但是镶嵌在一个受干扰严重的大区域内；C4在小区域内受干扰严重，但是镶嵌在一个受干扰较小的大区域内。除2004～2008年，剩余三个时期的C5干扰值随着窗口的增大先增加后减小，说明C5在小区域和大区域都是相对不受干扰的区域，但在中间大小的窗口内该区域更容易受干扰。

## 二 社会－生态系统干扰的连通度

社会－生态系统干扰的连通度（PDD）对于恢复力的研究有重要的作用。它反映了随着窗口的增大，不同干扰集群社会－生态系统受干扰可能性的大小。本章运用移动窗口计算法则进一步分析了社会－生态系统的连通度（见图4－4）。研究结果显示，2000～2004年，随着窗口的扩大，C7的干扰连通度略有所降低，最终PDD趋于0.8附近，受干扰的可能性远远高于其他集群。C1上升速度较慢，PDD值趋于0.2附近，

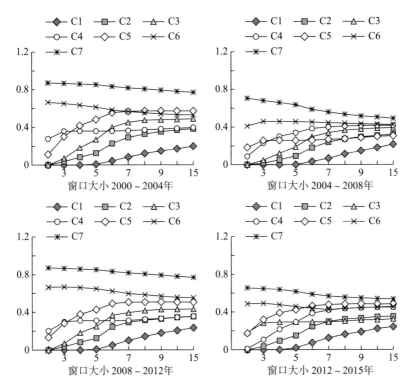

图4-4 盐池县社会－生态系统的干扰连通度（PDD）

说明 C1 受干扰的可能性很小。C3 和 C5 随着窗口的扩大，PDD 值快速上升，最终趋于 0.6 附近，说明 C3 和 C5 受干扰的可能性较大。C2 和 C4 的 PDD 值最终趋于 0.4。2004～2008年、2008～2012 年、2012～2015 年三个期间，随着窗口的扩大，C1～C5 的 PDD 值逐渐增大，C6 和 C7 的 PDD 值不断减小，最终 PDD 值大都趋于 0.3～0.5，可见这三个时期社会－生态系统受干扰的概率较小。

## 第四节　社会 - 生态系统干扰的空间结构

　　PD 和 PDD 的值均与同样大小窗口内的干扰像元的数量有关，因此在一个窗口内二者必然存在一定的关联，弄清楚这种关联有助于探索干扰的空间结构。图 4 - 5 显示了不同 PD - PDD 值干扰的空间结构，当 PD > PDD 时，干扰和非干扰呈离散分布 [见图 4 - 5（a）和（c）]，称高干扰离散型 [图 4 - 5（a）] 和低干扰离散型 [图 4 - 5（c）]；当 PD < PDD 时，干扰和非干扰呈集聚分布 [图 4 - 5（b）和（d）]，称高干扰集聚型 [图 4 - 5（b）] 和低干扰集聚型 [图 4 - 5（d）]。当 PD 值高于 0.6 时，可以认为是高干扰区，当 PD 值低于 0.4 时，为低干扰区（Holben，1986）。

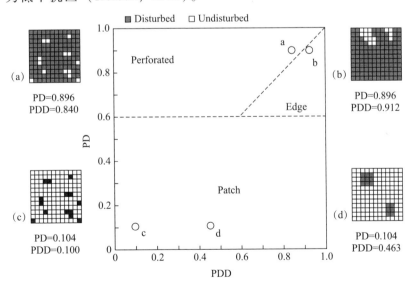

**图 4 - 5　社会 - 生态系统干扰类型**

　　研究结果显示，随着窗口的不断扩大，每个集群的轨迹最终将收敛于某一个点，四个时期的收敛点分别为（PD = 0.1，PDD = 0.431）、（PD = 0.1，PDD = 0.396）、（PD = 0.1，PDD = 0.407）、（PD = 0.1，PDD = 0.4）。这些点都在（PD = 0.1，PDD = 0.4）周围（见图 4 - 6）。事实上，C1（最小干扰）和

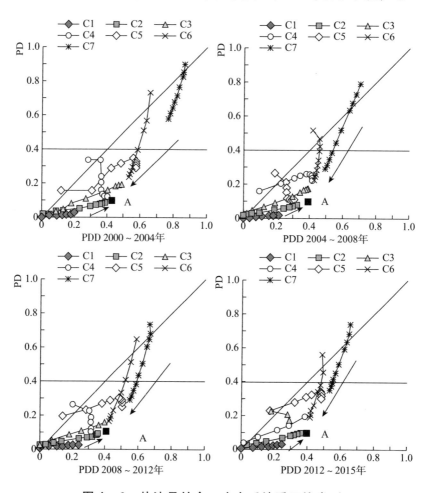

图 4 - 6　盐池县社会 - 生态系统受干扰类型

C7（最大干扰）在 PD－PDD 空间上是两条简单的曲线，这两条曲线是以 PD＝PDD 为轴线的一个椭圆的一部分，在这两条曲线上系统所有的结构都可能存在。由此便可以分析每个集群的运动轨迹。

四个时期的 C2 与 C1 曲线走向相似，并且随着窗口的扩大，PD 值和 PDD 值不断增大，可知 C2 集群运动轨迹是由低干扰离散型向低干扰集聚型转变，干扰概率不断增大，干扰强度也随着窗口的增大而增加；C3 在前三个时期与 C1 和 C2 曲线走向相似，由低干扰离散型向低干扰集聚型转变，但在 2012～2015 年这种转变不太明显；随着窗口的扩大，C4 运动轨迹由低干扰离散型向低干扰集聚型转变，C5 运动轨迹是由低干扰离散型向高干扰集聚型转变；C6 与 C7 曲线走向相似，随着窗口的扩大，PD 值和 PDD 值不断减小，可见 C6 的运动轨迹是由高干扰集聚型向低干扰离散型转变，说明 C6 的干扰强度将会随着窗口的增大而减小。

## 第五节　讨论

2000～2004 年、2004～2008 年、2008～2012 年和 2012～2015 年四个时期盐池县的社会－生态系统干扰强度和连通度在空间上存在很大差异，2000～2004 年的社会－生态系统干扰强度和连通度最大，这主要是因为盐池县作为沙漠化逆转区，社会－生态系统比较脆弱，容易受到干扰（张克斌等，2003；韦丽军等，2007），且正值退耕还林和全县禁牧政策实施的初始阶段，对当地的生态环境影响较大，是生态环境的转折点，沙漠化逆转效果明显（杜灵通、李国旗，2008）；2004～2008

年，盐池县社会 – 生态系统受干扰面积比上个时期有所增长，但干扰强度和连通度不高，这主要是因为随着生态政策继续实施，盐池县生态环境变化逐渐趋于一个稳定的状态（李金香等，2012；王耀远，2012），但由于 2005 年和 2006 年降水量减少，当地植被普遍受到影响，干扰面积增大，沙漠化逆转受到阻碍；2008 ～ 2012 年，社会 – 生态系统的干扰面积有所减少，干扰强度和连通度也较小，主要干扰区位于西部和南部山区，这主要是因为盐池县生态政策的实施已有一段时间，沙漠化逆转达到了一定程度后，社会 – 生态系统变化不再明显；2012 ～ 2015 年，社会 – 生态系统的干扰强度和连通度没有明显的变化，但干扰面积却有所增加，主要原因是 2011 年国家实施新的草原生态保护补助奖励机制，在利益的驱动下，人们对于保护草原和治理沙漠化的热情高涨，沙漠化逆转效果明显（马明德等，2014；王冠琪，2014），但随着禁牧封育时间的增加，禁牧封育区土壤得不到牲畜的践踏，结皮厚度不断地增加，限制了当地植被对降水的利用率，导致草地质量下降（刘建，2011），沙漠化逆转受到了限制，这一时期盐池县社会 – 生态系统在正向干扰和负向干扰的共同作用下，干扰面积达到了最大。另外，由于生态政策的实施，大部分农户失去了经济来源，虽有国家进行生态补偿，但是不足以弥补生态政策实施带来的经济损失，在利益的驱动下，"偷牧"行为成为普遍现象，对沙漠化逆转带来了一定的负面影响（马兵等，2015）。由此可见，影响沙漠化逆转主要是人类活动和自然环境共同作用的结果，尤其是政策和降水对当地的影响比较强烈。

# 第五章

# 沙漠化逆转区社会－生态系统适应性评价

　　通过对沙漠化逆转区社会－生态系统受干扰情况的分析可知，生态政策的实施促进研究区生态环境不断恢复并趋于稳定，沙漠化逆转区社会－生态系统恢复力不仅包括生态系统的恢复，还包括社会经济系统的稳定。农户作为沙漠化逆转区经济活动的主体，对当地社会经济的稳定起重要作用。因此，在研究沙漠化逆转区社会－生态系统干扰的基础上，必须客观地评价农户对生态政策的适应性。社会－生态系统的适应力是人类管理自身行为的主要途径，是指参与系统行为管理并适应环境变化的能力（Holling，1986）。通过国家生态政策的实施，草原生态环境得到了良好的保护，植被恢复明显（王磊等，2010；路慧玲等，2015），但扶持牧区牧业发展及促进当地农户增收的政策相对滞后、投入相对较少，造成部分农户收入减少，生态保护和农牧民收入之间的矛盾日益扩大（黄涛等，

2010）。农户作为草原经济活动的主体和草原利用的直接单元（赵雪雁，2015），成为生态政策的直接承受者和政策变化的直接感知者，农牧民对生态政策的适应性感知可为决策者提供最基本的信息反馈。研究农户对生态政策的适应性，不仅有助于解决农户生计与生态政策之间的矛盾，而且有利于生态政策的顺利执行以及草原生态环境保护的可持续性。

为了综合分析农户对生态政策的适应性，必须了解生态政策对当地生态环境的作用，农户对生态政策实施的环境效应和自身对适应生态政策能力的感知情况，从而进一步分析农户采取何种适应策略以及选择该种策略的原因。本章基于遥感数据和农户调查数据，分析了生态政策的生态环境效应和农户对生态政策的适应性，了解了不同类型农户对生态政策的环境效应感知和对生态政策的适应能力感知，分析了不同类型农户对生态政策应对策略的选择，并探讨了影响农户适应策略选择的主要因素，以期为探明农户对生态政策的适应过程与适应机制提供借鉴，为生态政策的调整和下一步相关政策的制定提供科学依据。

## 第一节　数据来源及研究方法

### 一　数据来源

盐池县地处干旱区半干旱区的过渡带，植被生长最好的时间为夏季，因此选取 2002～2015 年 6～8 月的 MODIS NDVI 产品数据表征盐池县的植被状况，对数据进行投影变换，通过最大值合成法（Maximum Value Composites，MVC）（石玉琼等，2018）得到盐池县 2002～2015 年夏季的 NDVI 数据；空间分辨率为 250m。

农户调查主要采取随机调查的方法，由于宁夏盐池县地广人稀，农户居住分散，调查难度较大，因此在 8 个乡镇分别抽取了 3～4 个村随机调查。每个村调查 8～12 户，共抽取了 305户农户进行调查，收回有效问卷 300 份，虽调查问卷数量比较少，但与盐池县当年的统计年鉴资料对比后，发现本次调查问卷具有良好的代表性。主要调查内容涉及：①受访户特征，包括家庭成员性别、年龄、劳动力数量和受教育程度、家庭成员的收入和收入来源、耕地和草地面积、退耕还林面积等；②农户对生态政策的适应性感知，包括农户对生态政策的生态环境改善效果感知，农户对生态政策是否满意，生态政策对农户的生活影响程度如何，农户对生态政策的适应成本感知的高低，农户是否有能力适应生态政策，以及农户采取何种措施适应生态政策，等等。

## 二　研究方法

### 1. 草原生态环境恢复的研究方法

对于草原地区，社会－生态系统的变化主要表现为人类活动对草原植被的影响，使用 NDVI 可以监测区域的植被变化。因此采用线性回归方法分析 2002～2015 年夏季的 NDVI 年际变化趋势，表征草原地区生态系统的变化。逐像元计算 NDVI 年

际变化的最小二乘线性回归方程斜率，即

$$k = \frac{n\sum\limits_{i=1}^{n} i\, NDVI(x,y)_i - \sum\limits_{i=1}^{n} i\sum\limits_{i=1}^{n} NDVI(x,y)_i}{n\sum\limits_{i=1}^{n} i^2 - (\sum\limits_{i=1}^{n} i)^2} \qquad (5-1)$$

其中，$n$ 为研究阶段的年数（$n=16$），$NDVI(x，y)_i$ 为第 $i$ 年某像元的 NDVI 值，$k$ 为研究时间内 NDVI 变化的斜率，反映了研究时期内 NDVI 的变化趋势。

**2. 农户对政策适应性感知的测量方法**

根据盐池县入户调查资料，按照农户的非农牧化程度及农户生计多样化的差异，综合已有农户类型划分的研究成果（侯彩霞等，2015），以家庭劳动力的投入方向和主要收入来源为标准，将农户划分为纯农户、兼业户和非农户。其中，纯农户指家庭主要劳动力长期主要从事种植、养殖等生产活动且家庭主要收入来源于农林牧业的农户；兼业户指一部分劳动力主要从事种植、养殖等农牧活动，一部分劳动力在外从事务工、经商活动，而且家庭收入来自农牧业和非农牧业两部分的农户；非农户指主要劳动力大部分从事非农牧活动，而且家庭收入基本来自非农牧业的农户。根据对农户的划分，本章调查样本中有 98 户纯农户、116 户兼业户和 86 户非农户，分别占总问卷的 32.7%、38.7% 和 28.7%。

目前，对气候变化适应感知的研究比较广泛，Grothmann 和 Patt（2005）提出的个人主动适应气候变化的社会认知模型，已在环境变化适应性研究中得到广泛应用（Kuruppu and Liverman，2011）。本章借鉴该模型分析框架，并根据本章内容，将农户对生态政策适应性的感知分解为农户对生态政策的环境效应感知与对生态政策的适应能力感知，环境效应感知进一步分解为环境效能感知与满意度感知，适应能力感知进一步分解为影响效应感知、自我效能感知、适应成本感知以及适应预测感知。通过调查问卷来获取农户的环境效应感知与适应能力感知信息（见表5－1）。为了便于分析不同类型农户的生态政策感知是否存在差异，对各问题的答案进行赋值，将不同类型农户的各指标赋值加总平均后得到该类型农户的感知度指数。

表 5 - 1　农户对生态政策适应性感知指标赋值

| 指标 | 维度 | 解释变量 | 赋值 | 均值 | 标准差 |
|------|------|----------|------|------|--------|
| 环境效应感知 | 环境效能 | 您觉得生态政策对当地生态环境改善的效果如何 | 非常小为1，比较小为2，一般为3，比较大为4，非常大为5 | 4.13 | 0.701 |
| | 满意度 | 您对生态政策的执行效果是否满意 | 非常不满意为1，比较不满意为2，一般为3，比较满意为4，非常满意为5 | 3.71 | 0.848 |
| 适应能力感知 | 影响效应 | 生态政策对您家生活的影响大吗 | 没有影响为1，影响较小为2，一般为3，影响较大为4，影响极大为5 | 2.91 | 1.044 |
| | 适应成本 | 您觉得要适应生态政策的成本如何 | 非常低为1，比较低为2，一般为3，比较高为4，非常高为5 | 3.43 | 0.624 |
| | 自我效能 | 您的家庭对政策带来的影响的适应能力如何 | 非常低为1，比较低为2，一般为3，比较高为4，非常高为5 | 2.10 | 0.463 |

| 指标 | 维度 | 解释变量 | 赋值 | 均值 | 标准差 |
|---|---|---|---|---|---|
| 适应能力感知 | 适应预测 | 若继续实施生态政策，您觉得未来生活水平会怎样变化 | 一定会降低为1，可能会降低为2，不会变化为3，可能会提高为4，一定会提高为5 | 3.86 | 0.872 |
| | | 若停止实施生态政策，您觉得未来生活水平会怎样变化 | 一定会降低为1，可能会降低为2，不会变化为3，可能会提高为4，一定会提高为5 | 2.79 | 1.010 |

### 3. 农户适应策略影响因素的研究方法

（1）适应策略分类

宁夏盐池县属于典型的农牧交错区，农户的生计方式多样，可选择的适应策略较多。为了更清楚地解析农牧交错区农户应对生态政策的适应策略，基于入户调查资料，将宁夏盐池县农户应对生态政策的适应策略分为三类（赵雪雁、薛冰，2015）：①扩张型策略，即通过扩大农业投资来适应政策的变化，包括购买/租赁土地、扩大生产规模、增加牲畜数量、修建围栏等；②调整型策略，即通过调整农业和畜牧业结构的方式来适应政策的变化，包括改善灌溉方式、改良作物、调整牲畜结构、舍饲、调整放牧时间和外出务工等；③收缩型策略，即通过减少和缩小生产和生活投资与规模来适应政策的变化，包括减少开支、出售/出租土地、减少牲畜数量等。

（2）模型设计

本章采用了 Logistic 回归模型分析影响农户对生态政策适应策略选择的因素。具体模型如下：

$$P = e^{(b_0 + b_1x_1 + b_2x_2 + \cdots + b_mx_m)} / \left[ 1 + e^{(b_0 + b_1x_1 + b_2x_2 + \cdots + b_mx_m)} \right] \quad (5-2)$$

其中，$P$ 表示因变量，指选择某种策略为主的适应策略，$x_i$ 表示解释变量，指影响选择该种适应策略的因素，包括农户的生计资本、农户对生态政策的适应性感知和农户属性。定义发生比率 $OR$（$Odds\ Ratio$）为 $P/(1-P)$，用来对各自变量的 Logistic 回归系数进行解释，发生比率用参数估计值的指数来计算：

$$odd(P_i) = Exp(\beta_0 + \beta_1 x_{i1} + \cdots + \beta_m x_{m1}) \quad (5-3)$$

回归系数 $b_i$ 表示解释变量 $x_i$ 变化一单位时 ln（$OR$）变化 $b_i$ 个单位；$b_i$ 为正值则表示 $x_i$ 每增加一个单位，发生比率会相应增加；$b_i$ 为负值，则表示 $x_i$ 每增加一个单位，发生比率会相应减少。

## 第二节　生态政策实施后草原生态环境恢复状况

为研究生态政策实施后草原生态环境的恢复状况，对 2002～2015 年 14 年间盐池县夏季 NDVI 的变化趋势进行分析，按照线性斜率的大小将盐池县的植被变化分为 5 个等级：极大改善（NDVI > 0.02）、改善（0.01～0.02）、好转（0.005～0.01）、保持（0～0.005）和退化（NDVI < 0）（见图 5-1）。

研究结果显示，2002～2015 年全县大部分区域的植被得到很大程度的恢复，生态系统改善效果明显。统计发现，改善和极大改善的植被面积有 1110.25km² ，占全县植被面积的 16.26% ，好转的面积最大，为 3477.16km² ，占全县植被面积的 50.93% ，退化的面积为 99.87km² ，仅占县域植被面积的 1.46%

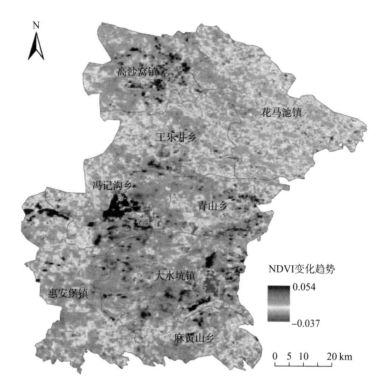

**图 5 - 1　盐池县植被变化趋势**

（见表 5 - 2）。同时，根据当地历年草原监测数据可以发现，盐池县草原植被得到较大恢复。2002～2015 年草原覆盖度从 40% 左右增加到 70% 左右，产草量从 100kg／亩左右增加到 150kg／亩左右，草层高度也从不到 30cm 增长到 37cm（见表 5 - 3）。

**表 5 - 2　盐池县植被变化分级统计**

单位：km²

| 乡（镇） | 退化 | 保持 | 好转 | 改善 | 极大改善 |
|---|---|---|---|---|---|
| 大水坑镇 | 27.72 | 106.88 | 556.71 | 387.92 | 10.69 |

续表

| 乡（镇） | 退化 | 保持 | 好转 | 改善 | 极大改善 |
|---|---|---|---|---|---|
| 冯记沟乡 | 13.09 | 136.15 | 361.24 | 192.7 | 39.71 |
| 高沙窝镇 | 8.15 | 235.41 | 394.05 | 106.62 | 6.05 |
| 花马池镇 | 21.64 | 782.19 | 447.76 | 25.31 | 0 |
| 惠安堡镇 | 4.36 | 205.64 | 679.24 | 84.5 | 16.49 |
| 麻黄山乡 | 3.38 | 142.57 | 340.01 | 59.29 | 0.77 |
| 青山乡 | 11.46 | 154.98 | 307.35 | 120.53 | 1.2 |
| 王乐井乡 | 10.07 | 376.14 | 390.8 | 57.43 | 1.04 |
| 总计 | 99.87 | 2139.96 | 3477.16 | 1034.30 | 75.95 |

**表 5 - 3  盐池县 2002 ~ 2015 年草原监测结果**

| 年份 | 草原覆盖度（%） | 草层高度（cm） | 产草量（kg/亩） |
|---|---|---|---|
| 2002 | 35 | 29 | 121 |
| 2003 | 35 | 32 | 68 |
| 2004 | 86 | 31 | 188 |
| 2005 | 54 | 33 | 86 |
| 2006 | 39 | 32 | 53 |
| 2007 | 65 | 45 | 142 |
| 2008 | 55 | 41 | 113 |
| 2009 | 68 | 30 | 138 |
| 2010 | 64 | 46 | 129 |
| 2011 | 68 | 38 | 132 |
| 2012 | 70 | 36 | 146 |
| 2013 | 69 | 34 | 149 |
| 2014 | 71 | 36 | 152 |
| 2015 | 72 | 37 | 168 |

对 2002～2015 年 NDVI 值与当地同时期年均降水量和年均气温做相关性分析，发现年均降水量和 NDVI 值有十分显著的相关关系。草原生态环境改善主要依赖于降水，但是盐池县近年来降水量变化幅度并不大，草原生态环境能得到明显恢复主要因为当地生态政策的实施对草原恢复起至关重要的作用。基于此，本章对农户对生态政策环境改善效果和生态政策执行的满意度做了调查研究，结果显示，87% 的农户认为生态政策改善环境的效果较大，76.33% 的农户对生态政策的执行效果比较满意，农户对环境效能和政策执行的满意度的感知指数分别为 4.12 和 3.72。可见农户对生态政策带来环境改善效果的认可度很高，生态政策对当地生态环境的恢复起重要作用。

## 第三节　农户对生态政策的适应性

### 一　农户对生态政策的环境效应感知

生态政策实施以来，宁夏盐池县草原生态环境得到很好的恢复，植被覆盖度增加，水源涵养、水土保持和防风固沙效果明显，农户对生态政策的环境效能给予很高的评价。调查结果显示，86.67% 的农户认为生态政策对环境改善的效果比较大或非常大，农户对政策的环境效能总感知指数在 4 以上，可见，农户对生态政策效果的认可度很高；但对生态政策满意度的感知低于对环境效能的感知，农户对生态政策的满意度总感知指数为 3.71，76.33％的农户对生态政策的执行效果比较满意或非常满意，但有 11.66％的农户对生态政策的执行效果非常不满意或比较不满意（见表 5－4）。农户对生态政策满意度的感知相对较低主要是由于生态政策实施对当地农户的生产和生活造成了较大影响，农户的生计方式被迫改变，且生态补偿标准较低，无法弥补生态政策实施给农户带来的经济损失。调查结果显示，有 37.90％的农户对生态政策的生态补偿标准不满意。

表 5－4　农户对生态政策的适应性感知

| 维度 | | 赋值（％） | | | | | 总感知指数 |
|---|---|---|---|---|---|---|---|
| | | 1 | 2 | 3 | 4 | 5 | |
| 环境效能 | | 0.00 | 3.00 | 10.33 | 58.67 | 28.00 | 4.13 |
| 满意度 | | 2.33 | 9.33 | 12.00 | 67.00 | 9.33 | 3.71 |
| 影响效应 | | 12.00 | 18.67 | 36.00 | 30.33 | 3.00 | 2.91 |
| 适应成本 | | 1.33 | 5.00 | 45.00 | 47.67 | 1.00 | 3.43 |
| 自我效能 | | 6.33 | 42 | 35.33 | 14.33 | 2.00 | 2.10 |
| 适应预测 | 继续禁牧 | 1.00 | 8.00 | 15.67 | 54.33 | 21.00 | 3.86 |
| | 停止禁牧 | 6.33 | 41.33 | 22.00 | 27.33 | 3.00 | 2.79 |

从农户生计方式看，非农户对生态政策的环境效能感知指数略高于纯农户和兼业户，对生态政策执行效果的满意度却低于纯农户和兼业户（见表 5－5），说明非农户对生态政策带来的环境变化效果感知明显，但是非农户对生态补偿标准的关注

度较高，导致其对生态政策的不满意度高于纯农户和兼业户。从收入水平来看，高收入农户对生态政策的环境效能感知指数高于低收入和中等收入的农户，对生态政策的满意度感知指数却低于低收入和中等收入的农户。

表 5－5　不同类型农户对生态政策的适应性感知

| 农户类型 | 环境效应感知 | | 适应能力感知 | | | |
|---|---|---|---|---|---|---|
| | 环境效能 | 满意度 | 影响效应 | 适应成本 | 自我效能 | 适应预测 |
| 纯农户 | 4.09 | 3.70 | 3.02 | 3.43 | 2.07 | 3.85 |
| 兼业户 | 4.13 | 3.79 | 2.92 | 3.49 | 2.09 | 3.86 |
| 非农户 | 4.14 | 3.55 | 2.82 | 3.36 | 2.18 | 3.88 |
| 低收入 | 4.13 | 3.85 | 2.83 | 3.50 | 1.83 | 4.00 |
| 中等收入 | 4.07 | 3.71 | 3.01 | 3.46 | 2.08 | 3.87 |
| 高收入 | 4.21 | 3.63 | 2.86 | 3.35 | 2.37 | 3.71 |
| 总指数 | 4.13 | 3.71 | 2.91 | 3.43 | 2.10 | 3.86 |

## 二　农户对生态政策的适应能力感知

生态政策的实施对盐池县农户的生产生活产生了很大影响，研究结果显示，农户对政策的影响效应感知指数为 2.91，33.33%的农户认为生态政策给他们的生产生活带来了较大或极大影响，只有 12%的农户认为生态政策没有带来影响。生态政策对农户造成的影响主要表现在以下几方面：60%的农户反映耕地/草地面积减少，49.33%的农户反映牲畜减少，40%的农户反映收入减少，19.33%的农户反映生产生活方式改变，

17%的农户反映生产成本增加。

适应成本和自我效能是反映农户是否有能力适应生态政策的关键因素。研究结果显示，农户对生态政策的适应成本和自我效能感知指数分别为3.43和2.10，47.67%的农户认为适应生态政策的成本比较高，仅有6.33%的农户认为适应生态政策的成本非常低或比较低，同时有48.33%的农户认为自己适应生态政策的能力非常低或比较低，可见，大多数农户认为要适应生态政策，需要比较高的成本，而他们没有这种能力来适应生态政策。

对生态政策的适应预测可以很好地解释农户对生态政策持续性的态度。研究结果显示，农户对生态政策的可持续性也给予了理想的预测，对生态政策的适应预测感知指数为3.86，75.33%的农户觉得如果继续实施生态政策，未来人们的生活水平可能会或一定会提高，47.66%的农户觉得如果停止生态政策，草地很快会被破坏，未来人们的生活水平一定会或可能会下降，可见，农户对生态政策给予很高的期望，他们认为生态政策的继续实施很可能会改善当地农户的生活。

从农户生计方式看，纯农户、兼业户和非农户对生态政策的影响效应感知呈递减趋势，对自我效能感知依次递增，说明生态政策对纯农户生产生活影响最大，他们相对需要更高的成本去适应生态政策带来的影响。但作为纯农户，其主要依靠耕地和草地生存，生计方式较单一，对生态政策的适应能力较低。从收入水平看，相比其他收入水平的农户，高收入农户对生态政策的影响效应、自我效能感知最为明显，低收入农户对生态政策的适应成本和适应预测感知最为明显（见表5－5），这主要是由于低收入农户对生态政策的适应成本相对于他们本身的收入来说较高，适应生态政策的能力有限，但他们相信生态政策继续实施很可能会提高人们的生活水平。

## 第四节　农户应对生态政策的适应策略及多样性

### 一　不同生计方式农户的适应策略

不同生计方式的农户对生态政策的环境效应和适应能力的感知不同，因此会选择不同的策略来应对生态政策带来的影响。研究结果显示，生态政策实施后，农户采取调节型为主和收缩型为主的策略，纯农户生计方式单一，生态政策实施后，有47.67%的农户采取收缩型策略应对政策带来的影响，而兼业户和非农户采取调节型为主的策略。纯农户的适应策略多样性指数最高，为3.17，兼业户为2.93，非农户为2.45（见表5－6）。这是因为纯农户生计方式为种植业和畜牧业，他们在农业方面采取调整措施较多，而非农户以打工、经商为主，生态政策对其影响最小，不需要过多地调整自己的生计方式以应对生态政策实施带来的影响。

#### 表5－6　农户应对生态政策的策略选择

| 适应策略 | 不同生计方式农户 | | | 不同收入阶层农户 | | |
|---|---|---|---|---|---|---|
| | 纯农户 | 兼业户 | 非农户 | 低收入 | 中等收入 | 高收入 |
| 扩张型为主 | 17.44% | 17.80% | 16.22% | 14.55% | 16.31% | 20.83% |

| 适应策略 | 不同生计方式农户 | | | 不同收入阶层农户 | | |
|---|---|---|---|---|---|---|
| | 纯农户 | 兼业户 | 非农户 | 低收入 | 中等收入 | 高收入 |
| 调节型为主 | 34.88% | 46.61% | 48.65% | 30.91% | 36.17% | 43.06% |
| 收缩型为主 | 47.67% | 35.59% | 35.14% | 54.55% | 47.52% | 36.11% |
| 多样性指数 | 3.17 | 2.93 | 2.45 | 2.77 | 2.94 | 3.00 |

## 二 不同收入阶层农户的适应策略

收入高低直接影响农户对生态政策的适应能力，从而影响农户对生态政策适应策略的选择。研究结果显示，不同收入阶层的农户选择的适应策略不同，低收入和中等收入的农户更倾向于选择收缩型为主的适应策略，高收入的农户选择调节型为主的适应策略，低收入、中等收入和高收入农户适应策略的多样性指数依次递增。这主要是因为低收入农户对生态政策的适应能力较低，面对生态政策带来的影响，只能选择减少牲畜数量、减少开支等措施来适应政策的变化，而高收入的农户有能力选择更多的适应措施来适应生态政策带来的影响。

## 第五节 影响农户适应策略及多样性的因素

农户对生态政策的感知是影响农户适应策略选择的关键变量，同时，前人的研究显示，农户拥有的生计资本数量对其采取适应策略有重要影响（苏芳等，2009）。因此，选择农户对生态政策的适应性感知和农户拥有的生计资本作为解释变量，来分析影响农户适应策略选择的因素。根据英国国际发展部提出的可持续生计分析框架，将农户生计资本分为人力资本、物质资本、自然资本、金融资本和社会资本五类（赵雪雁、薛冰，2015），利用专家打分法确定各个指标的权重，通过加权求和法测算农户的各类生计资本指数，并引入农户属性虚拟变量（是否纯农户：是 =1，否 =0）（见表 5 - 7）。

表 5 - 7　农户适应策略选择的生计资本影响因素指标

| 指标 | 解释变量 | 赋值 | 均值 | 标准差 |
| --- | --- | --- | --- | --- |
| 人力资本 | 劳动力比重(0.44) | 劳动力占家庭人口的比重 | 0.69 | 0.274 |
| | 劳动力受教育程度(0.56) | 劳动力平均受教育程度 | 2.38 | 0.869 |
| 自然资本 | 人均耕地面积(0.47) | 家庭总耕地面积/总人口（亩/人） | 13.39 | 17.791 |
| | 人均草地面积(0.53) | 家庭总草地面积/总人口（亩/人） | 34.62 | 36.910 |
| 物质资本 | 房屋数量 (0.20) | 砖混结构 × 0.7 + 土木结构 × 0.3（座） | 3.02 | 1.149 |
| | 家畜数量 (0.60) | 拥有的家畜数换算成羊单位（只） | 66.29 | 155.217 |
| | 其他固定资产价值(0.20) | 拥有交通工具和家具总价值（元） | 40497.70 | 113872.769 |
| 金融资本 | 家庭年收入(0.75) | 家庭每年总收入（元） | 37706.67 | 39886.384 |
| | 信贷能力 (0.25) | 家庭是否有能力贷款 | 3.63 | 1.638 |

| 指标 | 解释变量 | 赋值 | 均值 | 标准差 |
|---|---|---|---|---|
| 社会资本 | 能提供帮助的亲戚数（0.55） | 1（0户）～5（10户以上） | 2.70 | 1.032 |
| | 家庭成员进城次数（0.20） | 1（从不）～4（经常） | 2.57 | 1.346 |
| | 领导能力（0.25） | 家里有几个村委会成员（个） | 0.07 | 0.250 |

## 一 影响农户适应策略多样性的因素

将农户适应策略多样性指数作为因变量，将农户对生态政策的适应性感知和农户拥有的生计资本作为自变量，并引入农户属性的虚拟变量，采用多元线性回归模型分析了影响农户生态政策适应策略多样性的关键因素（模型1），利用最小二乘法进行参数拟合，VIF 值均小于 1.7000，说明进入模型的解释变量不存在多重共线性；模型的 F 统计量为 5.793，在 0.01 的水平上显著，说明该模型有效且具有一定的解释力。

结果表明，农户对影响效应和适应成本的感知与适应策略多样性指数在 0.01 的水平上呈正相关关系（见表 5－8），说明农户对生态政策的影响效应和适应成本的感知越强，选择适应策略的类型就会越多，这主要是因为农户对生态政策的影响感知越深，就越需要采取更多的适应策略来应对政策带来的影响，农户对生态政策的适应成本感知越高，就越倾向于选择更多的适应策略来分担成本；农户对生态政策的环境效能感知与适应策略多样性指数在 0.05 水平上呈正相关关系，说明农户对生态政策带来的环境效益感知越深，就越倾向于选择更多的适应策略来减轻生态政策带来的压力；农户对生态政策的自我效能感知与适应策略多样性指数在0.1水平上呈负相关关系，说明农户对生态政策的自我适应能力感知越强，就越不会选择更多策略来适应政策的变化带来的影响。

表5－8　影响农户生态政策适应策略类型及多样性的因素

| 指标 | 模型1 | | 模型2 | | |
|---|---|---|---|---|---|
| | 系数 | 标准差 | 系数 | 标准差 | 优势比 |
| 常量 | -1.892*** | 1.224 | -6.210*** | 2.238 | 0.002 |
| 环境效能 | 0.266** | 0.149 | 0.105 | 0.275 | 1.098 |
| 满意度 | -0.035 | 0.121 | 0.211 | 0.235 | 1.395 |
| 影响效应 | 0.369*** | 0.101 | -0.069 | 0.177 | 0.893 |
| 适应成本 | 0.800*** | 0.168 | 0.534** | 0.308 | 1.690 |
| 自我效能 | -0.282* | 0.241 | -0.486* | 0.437 | 1.627 |
| 适应预测 | -0.029 | 0.169 | -0.776 | 0.315 | 0.460 |
| 人力资本 | 0.893** | 0.360 | -0.664* | 0.398 | 1.942 |
| 自然资本 | 0.003 | 0.004 | 0.007 | 0.008 | 1.007 |
| 物质资本 | 0.014* | 0.009 | 0.001 | 0.002 | 1.000 |
| 金融资本 | 0.239*** | 0.068 | -0.320** | 0.260 | 0.980 |
| 社会资本 | 0.124 | 0.163 | -0.147 | 0.285 | 0.863 |
| 是否纯农户 | 0.220* | 0.021 | -0.2016 | 0.254 | 0.817 |
| 模型检验 | $R^2$ | 0.197 | -2对数似然值 | 225.138 | |
| | F统计值 | 5.793*** | $Chi^2$检验值 | 47.821*** | |

注：*代表在0.1水平上显著，**代表在0.05水平上显著，***代表在0.01水平上显著。

农户的金融资本与适应策略多样性指数在 0.01 水平上呈正相关关系，说明农户收入水平越高，贷款的可能性越大，就越有机会选择更多的适应策略来减轻生态政策带来的压力；农户的人力资本与适应策略多样性指数在 0.05 水平上呈正相关关系，说明农户家庭劳动力越多以及劳动力文化程度越高，就越有可能选择更多的适应策略；农户物质资本和农户的属性与适应策略多样性指数在 0.1 水平上呈正相关关系，说明物质资本越多，农户越有机会选择更多的适应策略，且纯农户更有可能选择更多的适应策略去应对生态政策带来的影响。

## 二 影响农户适应策略类型选择的因素

将农户选择的适应策略类型、对生态政策的感知、生计资本指数以及农户属性引入多元线性回归模型，分析农户生态政策适应策略选择的影响因素。模型 2 中的 $Chi^2$ 检验值为 47.821，显著水平为 0.000（$P < 0.01$），$-2$ 对数似然值为 225.138，说明模型具有显著意义。结果显示，农户对生态政策适应成本和自我效能的感知以及农户拥有的人力资本和金融资本对生态政策适应策略选择有显著影响，适应成本每增加 1 个单位，选择收缩型为主的策略的概率增加 1.690 个单位，农户拥有的人力资本和金融资本以及自我效能感知每增加 1 个单位，选择收缩型为主的策略的概率分别降低 1.942、0.980 和 1.627 个单位，说明农户对生态政策适应成本的感知越强，越倾向于选择收缩型为主的策略来缓解生态政策带来的压力，劳动力越多、劳动力文化水平越高、收入越高、贷款概率越大以

及对自我效能的感知越大，越倾向于选择调节型为主的适应策略。

# 第六节　讨论

生态政策实施以来，对沙漠化逆转区的生态环境保护发挥了重要作用。政策的实施，减少了牲畜对草原植被的啃食和践踏，为草场的恢复提供了足够的时间，使草场植被的数量、高度、密度都有所增长和提高，草原生态效益明显（马月存等，2007）；部分草原地区的沙漠化得到逆转，草原的防风固沙、净化空气、保护生物多样性等生态功能不断增强（路慧玲等，2015）。

生态政策的实施对沙漠化逆转区的社会经济系统造成很大影响，农户的生计方式被迫改变，而相应的生态补偿又无法弥补其转变生计方式所需的投入和生态政策实施所带来的损失，造成了一部分农户收入减少（马兵等，2015；安祎玮等，2016）。农户对生态政策适应能力感知较差的主要原因是生态补偿标准偏低，有37.9%的农户认为生态补偿资金不足以弥补生态政策带来的经济损失，导致家庭收入有所下降，同时，由于当地农户科学文化水平和收入水平较低，转变传统的生计方式比较困难（马兵等，2015；路慧玲等，2015；马月存等，2007），因此，很大一部分农户认为适应生态政策的成本太高，他们没有能力适应生态政策实施带来的影响。

生态政策实施以来，农户的生计方式发生了很大改变，大量劳动力从草原上解放出来，谋求其他生计方式，畜牧业经营风险降低（赵成章、贾亮红，2008），农户传统生活方式也有所改变，随着牧民由自由放牧转变为舍饲养殖，一部分农户选择外出务工或经商，逐渐融入了现代城镇生活（赵玉洁等，2012）。生活水平比原来有所提高，为受政策影响较大的其他农户带来了希望。生态政策的实施，会促进当地生态系统不断好转，国家和政府对生态政策实施区给予大力的扶持，同时，社会保障制度日益完善，生态政策实施区农户未来生活水平一定会有很大的提高。

# 第六章

# 基于意识－行为理论的农户
# 放牧行为影响因素

公众意识或素质仍是当前生态环境改善和恢复中的一块洼地（王建明，2013）。提高公众的生态环境责任意识成为当前至关重要的战略任务。当前少有研究从意识－行为理论视角探究心理因素对农户放牧行为的影响，农户的行为意愿受其意识的支配，而农户的意识又受到外部客观条件的影响，因此，基于意识－行为理论视角对放牧行为的影响因素进行研究具有重要的理论和现实意义。

意识－行为理论认为，意识对个人行为有着直接的影响，而这一影响又会受到外部情境因素的调节作用，同时，意识与意识之间又可能会产生交互作用。这一理论为放牧行为的影响因素研究提供了基础。农户是放牧行为的直接参与者，其放牧行为受到其对草原的依赖程度、对生态环境的敏感度、对退牧还草政策的态度的影响。因此，需要从农户的草原依赖度、环境敏感度、政策接受度以及补偿机制满意度等方面探究农户放牧行为的影响因素。

农户的家庭基本情况不尽相同，不同的受教育程度、生计状况对农户的意识会产生较大影响。部分学者研究了收入对环境意识的影响，发现收入对环境意识具有显著正向作用，并且年龄、性别、教育水平、居住地、健康状况、政治面貌等因素都对人们的环保意识具有显著的影响（李卫兵、陈妹，2017）。还有学者在研究居民环境意识的影响因素时发现，整体上受教育程度较高的居民，其环境意识水平也较高（苏芳等，2020）。把农户的家庭基本状况引入放牧行为的影响因素模型当中，可以更加综合和有效地分析农户放牧行为。

基于此，本章将从意识－行为理论视角，通过分析宁夏盐池县的实地调研数据，运用结构方程模型，探究农户的草原依赖度、环境敏感度、政策接受度以及补偿机制满意度等意识对农户放牧行为的影响，包括意识各维度对放牧行为的直接影响、各维度之间的交互效应以及外部情境对意识－行为关系的调节效应，以期为后续制定和完善相关退牧还草政策提供参考。

## 第一节　理论回顾与研究设计

### 一　理论回顾

研究农户的意识和家庭基本状况对放牧行为的影响必须首

先理解农户行为背后的心理机制。根据相关文献，学者们提出了不同的理论来解释公众行为意愿及其背后的心理机制。社会心理学家 Lewin 在大量实验基础上提出了 Lewin 行为模型（Lewin Metal of Behavior）。Lewin 通过区分内在因素和外部环境分析各种因素对个体行为的方式、强度、趋势等的影响。其中，内在因素包括个体内在的具体条件和特征，如感觉、知觉、情感、学习、记忆、动机、态度、性别、年龄、个性等；外部环境包括个体外界的各种因素，如科技状况、经济水平、制度结构、文化背景等。Lewin 行为模型指出个体行为是个体与环境相互作用的产物，这在一定程度上揭示了个体行为的一般规律，并将影响行为的多种因素进行了基本归纳和梳理，具有高度概括性和广泛适用性，因而受到学术界的广泛重视和认可，成为理解个体行为的基础理论。

Ajzen 和 Madden（1986）发展了理性行为理论（Theory of Reasoned Action，TRA），认为行为直接取决于个体执行特定行为的行为意向，行为意向则是个人态度、主观规范两大因素共同作用的结果。理性行为理论认为任何因素只能通过态度和主观规范来间接地影响行为，这使得人们对个体行为产生了清晰的认识。在理性行为理论基础上，Ajzen 引入了感知行为控制，提出了计划行为理论（Theory of Planned Behavior，TPB），以期更合理地对个体行为进行解释。在计划行为理论中，行为意向有三个决定因素：一是态度，二是规范，三是感知行为控制。感知行为控制是个人对其所采取的行为进行控制的感知程度。理性行为理论和计划行为理论是两个通用行为模型，是影

响范围最广的行为理论。但是理性行为理论和计划行为理论只
强调态度的工具性成分（有用—有害、有价值—无价值等），
忽视了态度的情感性成分（喜欢—厌恶、愉快—痛苦等），这
在一定程度上制约了理论对行为的解释力。

Guagnano 等（1995）提出了态度－情境－行为（Attitude-
context-behavior，ABC）理论，指出环境行为是环境态度变量和
情境因素互相作用的结果。当情境因素极为有利或不利的时候，
可能会大大促进或阻止环境行为的发生。Guagnano 等对路边回
收的实证研究也证实了这一函数理论关系。态度－情境－行为
理论的贡献在于，发现了两类因素（内在态度因素和外部情境
因素）对行为的影响，并验证了情境因素对环境态度和环境行
为之间的调节作用。在此基础上，王建明通过质化研究构建了
资源意识对资源行为影响的意识－情境－行为整合模型（Con-
sciousness-context-behavior System Model），指出资源意识是资源
行为的前置变量，同时意识－行为关系受到情境因素的调节作
用。这对于解释农户意识对放牧行为的影响机理具有相当的启
示意义。

## 二 研究设计

综合上述研究理论，本书假设农户的草原依赖度、环境敏
感度、政策接受度以及补偿机制满意度对放牧行为存在直接影
响，并且"意识－行为意愿"关系受到外部情境变量（家庭
基本状况）的调节影响。本章构建"意识（草原依赖度、环
境敏感度、政策接受度以及补偿机制满意度）—情境（家庭基

本状况）—行为意愿（农户放牧行为）"的路径，分析农户放牧行为的影响因素。

## 1. 意识对行为意愿的直接影响

对于意识因素，王建明在研究资源节约意识对资源节约行为的影响时，构建了意识－行为的理论假说并得以验证，发现资源节约意识对资源节约行为的影响作用较大（王建明，2015）。潘丽丽、王晓宇（2018）和欧阳斌等（2015）发现公众环境行为意愿受特定环境感知的直接影响，且环境意识对公众的环境行为有显著的正向影响。Hou 等（2020）在研究再生水信息披露对公众再生水回用意愿的影响时发现，节水意识和个人责任意识对再生水回用意愿有显著促进作用。可见，环境问题感知和环境意识对环境行为意愿有显著的影响。Arslan 等（2012）的研究结果表明，环境态度和绿色产品意识对绿色购买行为具有积极影响。可见，环境问题感知和环境意识对环境行为意愿有显著的影响。为此，本书提出以下假设。

假设 1：农户的草原依赖度对放牧行为有显著的直接影响。关于草原依赖度，罗媛月等（2020）在研究草原生态补助奖励对生态保护和农户收入的影响时，发现舍饲棚圈项目缩小了部分农户的养殖规模。杨春等（2019）在研究草原生态保护补助奖励政策时发现，牧业收入占比会影响到牧民参与退牧还草的意愿，也就是会影响到他们的放牧行为意愿。丁文强（2020）在研究草原补助奖励政策对牧户减畜行为的影响时发现，牧户的畜牧业收入比重对减畜程度呈负向显著影响。Lu 等（2016）在研究禁牧政策下农户的适应策略时发现，物质资本是影响农户养殖规模变化的主要因素之一。可见，草原依赖度是影响农户放牧行为的重要变量，故提出假设 1。

假设 2：农户的环境敏感度对放牧行为有显著的直接影响。关于环境敏感度，谢先雄（2018）在研究资本禀赋如何影响牧民减畜行为时发现，草原生态认知对牧民减畜意愿和程度存在正向影响。褚力其（2020）在研究牧民草畜平衡维护的影响机制时发现，生态认知程度越高的牧户越容易对减畜行为产生排斥。史恒通（2019）在研究生态认知对农户退耕还林行为的影响时发现，表征农户生态认知的行为态度、主观规范和感知行为控制三个维度均对农户退耕还林行为有显著的正向影响。由此可见，环境敏感度是影响放牧行为意愿不可或缺的变量，故提出假设 2。

假设 3：农户的政策接受度对放牧行为有显著的直接影响。关于政策接受度，宁宝英（2006）在农户过度放牧原因分析的研究中发现，生态支付意愿不高是导致农户过度放牧行为产生的根本原因。史恒通（2019）在研究中发现，与有支付意愿的农户相比，无支付意愿农户生态认知对其退耕还林行为正向影响的综合路径系数明显较高。可见，政策接受度是研究放牧行为意愿十分必要的变量，故提出假设 3。

假设 4：农户的补偿机制满意度对放牧行为有显著的直接影响。关于补偿标准的满意度，王海春（2017）在研究中指出草原生态补奖机制对牧户的减畜行为总体上产生了显著正效应。周升强（2019）在研究草原生态补奖政策对农牧户减畜行为的影响时发现，补奖金额与农牧户是否减畜以及减畜率之间存在稳健的"U形"关系。冯晓龙（2019）在研究草原生态补奖政策是否能抑制牧户超载过牧行为时发现，草原生态补奖资金对牧户超载过牧行为具有显著的正向影响。Wei（2016）在研究中指出，向牧户提供足够高的生态补偿资金会使牧户自愿转变草地利用方式的比例升高。可见，补偿机制满意度是影响放牧行为意愿的关键变量，故提出假设4。

### 2. 意识之间的交互作用

以上只考虑了4个意识维度对放牧行为的独立影响效应，尚未考虑不同意识维度之间的交互效应。如果一个解释变量对结果的影响效应会因为另一个解释变量的解释水平改变而有所不同，则这两个变量之间就存在交互效应，个体行为就是这些因素交互作用的结果。例如，农户对补偿标准的满意度可能会因为农户的草原依赖度不同而存在差异。如果假设各影响因素独立、平行，相互之间不存在交互作用，这无疑是不现实的，至少需要进一步进行验证。为此本书提出假设5：意识各维度间存在显著的两两交互作用。

### 3. 农户的家庭基本状况对意识－行为意愿的调节效应

根据理论梳理可知意识－行为意愿的关系受到外部情境变量的影响，外部情境变量对意识－行为关系（作用的方向或强弱）产生调节作用，个体的行为意愿决定了环境中的社会形态，同时会受到外部情境的影响。不同的外部情境下，对应的意识－行为关系之间存在差异。资本禀赋与牧民退牧受偿额度呈现正相关的关系，青壮年劳动力数量、受教育程度等家庭基本状况与牧民退牧受偿意愿均有显著正相关关系

（熊长江等，2019）。周升强（2020）在研究草原生态补奖政策对农牧民牲畜养殖规模的影响时发现，牧民生计分化在草原生态补奖政策与牲畜养殖规模二者关系中具有调节作用。据此，本书提出以下假设。

假设6：户主受教育程度对意识－行为意愿有显著调节效应。

假设7：青壮年劳动力数量对意识－行为意愿有显著调节效应。

假设8：家庭生计多样性对意识－行为意愿有显著调节效应。

根据以上理论和研究假设，本书建立了农户家庭基本状况对意识－行为关系的作用机制模型（见图6－1）。运用放牧行为测量量表和农户家庭基本状况，农户的草原依赖度、环境敏感度、政策接受度和补偿机制满意度的测量量表分析农户放牧行为的影响因素。量表包含了8个主体变量和20个观测指标。

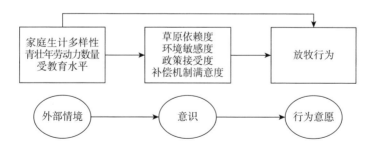

图6－1　农户家庭基本状况对意识－行为关系的作用机制模型

# 第二节　数据来源和信效度检验

## 一　数据来源

2016 年盐池县被国家发改委、农业部确定为"十三五"期间国家退牧还草工程典型县，为了使调查更有针对性和代表性，本书最终选择宁夏盐池县为研究区。农牧民调查主要基于参与式农牧民评估法（PRA），由于户主对农牧民家庭的生产、生活安排往往起着决定作用，本次调查对象以户主为主，家庭其他成员对相关问题进行补充。宁夏盐池县地广人稀，农牧民居住分散，调查难度较大，因此 2019 年在 8 个乡镇分别抽取了 3~4 个村，每个村庄随机选择 10 户左右进行调查，每户调查时间为 30 分钟到一个小时。本次调查共抽取了 305 户农牧民进行调查，收回有效问卷 300 份，调查问卷数量虽较少，但与统计资料比照后，发现具有良好的代表性。其中，样本户的户主年龄的均值为 53.21 岁，平均家庭规模为 4.09 人/户，人均年收入为 3980.54 元/人。

主要调查内容涉及：①受访户特征，包括家庭成员性别、年龄、健康状况、受教育程度、职业、家庭收入、拥耕地面积、住房和耐用品等；②农牧民的草原依赖度、补偿机制满意度、政策接受度、环境敏感度以及农牧民放牧行为等（见表 6－1）。

表 6 – 1　放牧行为影响因素指标体系

| 层次 | 维度 | 指标 | 代码 | 均值 | 标准差 | CR | AVE |
|------|------|------|------|------|--------|------|------|
| 意识层 | 草原依赖度 | 退牧还草对您家的影响大吗 | Y1 | 3.400 | 0.373 | 0.695 | 0.400 |
| | | 您家羊群的养殖方式 | Y2 | 3.218 | 0.365 | | |
| | | 畜牧业占比 | Y3 | 3.234 | 0.120 | | |
| | | 您对草原的依赖程度 | Y4 | 3.350 | 0.704 | | |
| | 环境敏感度 | 您在生产中关注生态环境的变化吗 | M1 | 2.599 | 0.250 | 0.796 | 0.500 |
| | | 您认为生态保护重要吗 | M2 | 1.972 | 0.207 | | |
| | | 您认为生态环境退化对家庭总收入有什么影响 | M3 | 2.596 | 0.248 | | |
| | | 您感觉禁牧后当地的自然环境跟以前相比有变化吗 | M4 | 2.184 | 0.359 | | |
| | 政策接受度 | 您刚开始对禁牧政策的接受态度是怎样的 | J1 | 3.574 | 0.149 | 0.618 | 0.404 |
| | | 您现在对禁牧政策的接受态度是怎样的 | J2 | 2.574 | 0.393 | | |
| | | 为了维护生态环境,您是否愿意支付维护草场的费用 | J3 | 3.383 | 0.036 | | |

续表

| 层次 | 维度 | 指标 | 代码 | 均值 | 标准差 | CR | AVE |
|------|------|------|------|------|--------|-----|-----|
| 意识层 | 补偿机制满意度 | 您对禁牧政策的执行效果满意吗 | M11 | 2.518 | 0.148 | 0.654 | 0.432 |
| | | 你认为目前的生态补偿标准如何 | M21 | 4.248 | 0.254 | | |
| | | 您认为现在退牧还草的补助金额能否弥补您的损失 | M31 | 4.511 | 0.176 | | |
| 外部情境层 | 农户基本状况 | 受教育程度 | SJYCD | 3.690 | 0.062 | — | — |
| | | 生计多样性 | SJDYX | 3.388 | 0.044 | | |
| | | 劳动力数量 | LDLSL | 3.304 | 0.086 | | |
| 行为意愿层 | 放牧行为 | 退牧还草实施后,您家的养殖规模怎么变 | F1 | 3.248 | 0.366 | 0.628 | 0.496 |
| | | 退牧还草结束后政府不给补贴了,您还能坚持退牧还草吗 | F2 | 3.989 | 0.140 | | |
| | | 为了改善生态环境,若政府给予一定的补贴,您愿意放弃放牧吗 | F3 | 3.170 | 0.154 | | |

## 二 数据信度和效度检验

本书采用 SPSS 软件对观测变量的值进行信度和效度检验，信度检验中各潜在变量的信度 CR 值为 0.6~0.8，满足阈值条件，本量表的内部一致性、可靠性和稳定性较好，内部信度比较理想。在此量表正式形成以前，我们与相关领域专家、代表性农户进行了深度访谈，对量表进行了修正，此后，我们对农户进行了预调查，接着对预调查结果进行分析，总结了被调查者的合理意见，对量表进行了进一步修正和完善。总的来说，本量表切合调查目标，内容效度较为理想。本书采用因子分析的方法检验效度。效度检验中各潜在变量的 AVE 值均满足大于 0.4 的阈值条件，由此表明，样本具有较好的信度与效度，数据质量通过检验。

## 第三节 模型验证和结果解释

### 一 模型验证

从意识层面来看，补偿机制满意度、草原依赖度以及政策接受度这三个维度得分相对较高（均值超过 3.00），环境敏感度得分相对较低（均值小于 2.50）。可见，农户的补偿机制满意度、草原依赖度以及政策接受度较高，环境敏感度较低。农户的放牧行为得分为 3.469，得分处于较高水平。农户的生计多样性比较丰富，得分为 3.388，可见，农户除了种植和养殖外，还有其他生计方式。

本书运用结构方程模型从意识 - 行为视角分析放牧行为的影响因素。将草原依赖度、环境敏感度、政策接受度和补偿机制满意度作为自变量，将家庭基本状况作为调节变量，分析放牧行为的影响因素。在假设 1、2、3 和 4 中，本书构建了"意识 - 行为意愿"的四种可能路径，分别为"草原依赖度→放牧行为""环境敏感度→放牧行为""政策接受度→放牧行为""补偿机制满意度→放牧行为"。在假设 5 中，提出了意识各维度之间的交互效应影响路径。在假设 6、7、8 中，构建了三条外部情境对"意识 - 行为意愿"的调节路径，为户主受教育程度对"意识→行为意愿"的调节路径、青壮年劳动力数量对"意识→行为意愿"的调节路径、家庭生计多样性对"意识→行为意愿"的调节路径。各组观测变量与潜变量间的相互关系构成了放牧行为影响因素的测量模型。

从模型的显著性检验中发现，农户的政策接受度对放牧行为的影响路径、受教育程度对"意识 - 行为意愿"的调节路径显著性较差，通过不断地调节，得到了最优的模型（见图 6 - 2）。

根据结构方程模型对数据质量和变量关系的要求，本书对模型进行检验发现，模型的卡方自由度比为 2.864，小于 3.00 适配指标值，卡方显著值 P 在 0.001 水平上显著，CN 值为 246.321，大于 200，模型的绝对拟合优度、增值拟合优度和简约拟合优度都符合适配指标值标准（见表 6 - 2）。可见，本书假设模型的整体拟合度良好，模型通过稳健性检验。

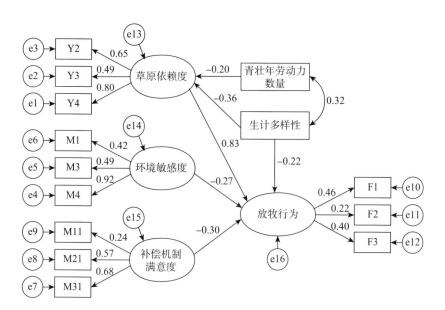

图 6 - 2　放牧行为影响因素结构方程模型

表 6 - 2　模型拟合优度指标

| 指标类型 | 拟合优度统计量 | 标准值 | 检验值 | 模型适配判断 |
|---|---|---|---|---|
| 绝对拟合优度 | CMIN/DF | < 3.00 | 2.864 | 适配 |
| | CMIN | < 0.05 | P = 0.000 | 适配 |
| | RMSEA | < 0.1 | 0.089 | 适配 |
| 增值拟合优度 | CFI | > 0.90 | 0.906 | 适配 |
| | NFI | > 0.90 | 0.915 | 适配 |
| | IFI | > 0.90 | 0.913 | 适配 |
| | RFI | > 0.90 | 0.901 | 适配 |
| 简约拟合优度 | PNFI | > 0.5 | 0.565 | 适配 |
| | PCFI | > 0.5 | 0.637 | 适配 |
| | CN | > 200 | 246.321 | 适配 |

## 二 意识影响行为意愿的主效应和意识之间的交互效应

模拟结果显示，在四个意识维度中，除了政策接受度外，农户的草原依赖度、环境敏感度以及补偿机制满意度对其放牧行为均有影响（见表 6 - 3）。草原依赖度影响最大且为正向相关（系数为 0.835，标准化路径系数在 0.001 水平上显著），这表明草原依赖度越高的农户越倾向于采用对草原不利的方式进行放牧。环境敏感度与放牧行为在 0.01 水平上负向相关，相关系数为 - 0.268，这表明对环境敏感度高的农户更倾向于采用对草原有利的放牧行为。补偿机制满意度与放牧行为在 0.05 水平上负向相关，相关系数为 - 0.298，这表明对退牧还草政策补偿机制越满意的农户就越倾向于采用对草原有利的放牧行为。理论假设 1、2、4 得到证实，理论假设 3 不成立。

表 6 - 3　意识对行为意愿的主效应和意识之间的交互效应

| 主效应 | PARW | 交互效应 | PARW |
| --- | --- | --- | --- |
| 草原依赖度 | 0.835 *** | 草原依赖度 × 环境敏感度 | - 0.24 ** |
| 环境敏感度 | - 0.268 ** | 草原依赖度 × 补偿机制满意度 | - 0.502 ** |
| 补偿机制满意度 | - 0.298 * | 环境敏感度 × 补偿机制满意度 | 0.287 |
| 生计多样性 | - 0.221 * | — | — |

注：* 代表在 0.05 水平上显著，** 代表在 0.01 水平上显著，*** 代表在 0.001 水平上显著。

我们分别检验了草原依赖度、环境敏感度和补偿机制满意度三个维度的交互效应。研究结果显示，三个维度中，草原依赖度和环境敏感度在 0.01 的水平上交互效应显著，草原依赖度和补偿机制满意度在 0.01 的水平上交互效应显著。

将农户草原依赖度分为高低两组，发现草原依赖度低的农户其环境敏感度对放牧行为的负向作用强于草原依赖度高的农户。降低农户的草原依赖度可以更有效地促进农户采取有利于草原的放牧行为。将农户草原依赖度分为高低两组，可以发现草原依赖度低的农户其补偿机制满意度对放牧行为的负向作用强于草原依赖度高的农户，降低草原依赖度可以更有效地促进农户减少放牧行为（见图 6－3）。

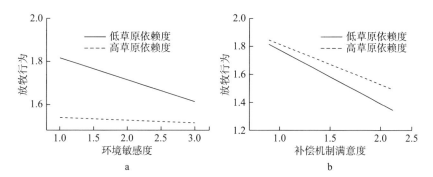

图 6－3　草原依赖度与环境敏感度和补偿机制满意度的交互效应

## 三　家庭基本状况对"意识－行为意愿"关系的调节效应

放牧行为影响因素的结构方程模型的结果显示，生计多样性对草原依赖度与放牧行为的作用过程具有显著的正向调节效应，可见，生计多样性可以影响农户的草原依赖度，从而影响农户的放牧行为；青壮年劳动力数量对草原依赖度与放牧行为的作用过程具有显著的中介效应，青壮年劳动力数量的多少会影响农户的草原依赖度，进而影响农户的放牧行为。

将青壮年劳动力数量分为高低两组，分别研究不同青壮年劳动力数量下草原依赖度对放牧行为的影响（见图 6 - 4a）。结果表明，对于青壮年劳动力较多的农户，草原依赖度和放牧行为的正向相关关系更弱；对于青壮年劳动力较少的农户，草原依赖度和放牧行为正向相关性更强。

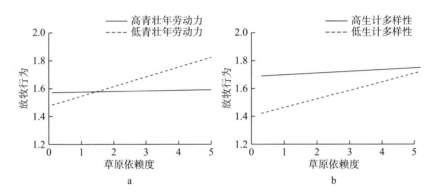

图 6 - 4　青壮年劳动力数量和生计多样性对草原依赖度和放牧行为的调节作用

将生计多样性分为高低两组，分别研究不同生计多样性下依赖度对放牧行为的影响（见图 6 - 4b）。结果显示，对于生计多样性较高的农户，草原依赖度和放牧行为正相关关系更弱；对于生计多样性较低的农户，草原依赖度与放牧行为正相关关系更强。可见，提高农户的生计多样性可以更有效地促进农户采取对草原有利的放牧行为。

# 第四节　讨论

## 一　意识对放牧行为的直接影响

意识是行为意愿的内驱或诱致因子，对草原依赖度、环境敏感度、补偿机制满意度与农户放牧行为密切相关，它通过影响个体对资源保护的心理偏好从而影响个体的行为意愿。当个体生态环境意识缺乏时，必然不会自觉产生资源保护的行为意愿。这与 Ajzen 和 Wang 等人的观点相一致。Ajzen（1986）提出，公众对某种环境的认知决定了人的行为意愿。王建明（2013）通过质化研究（Qualitative Research）指出，环境保护心理意识是环境保护行为形成的前提条件。

从意识结构的内部维度看，意识之间并不是相互独立的，而是彼此之间相互作用的。农户的草原依赖度和环境敏感度两个维度间存在显著的负向交互作用，降低农户的草原依赖度会进一步增强其环境敏感度对放牧行为的负向影响，所以政策制定者在制定相关政策时不仅要提高农户的环境敏感度，而且要注意降低农户的草原依赖度，这样效果会更加显著。

农户的草原依赖度和补偿机制满意度两个维度间存在显著的负向交互作用，即降低农户的草原依赖度会增强其补偿机制满意度对放牧行为的正向影响，导致在农户补偿机制满意度相同的条件下，草原依赖度较低的农户更倾向于减少放牧行为。所以，政策制定者在制定相关政策时不仅要提高农户的补偿机制满意度，而且要降低农户的草原依赖度。

研究结果表明，农户的草原依赖度对放牧行为具有显著正向作用，环境敏感度以及补偿机制满意度对放牧行为具有显著的负向作用，这与丁文强（2020）和周升强（2019）等人的观点相契合，他们认为草原补奖资金收入和非牧收入比重对减畜程度呈正向显著影响。而农户的政策接受度与放牧行为之间没有显著相关性。这主要是因为农户的生计问题是一个较大的问题，根据马斯洛的需求层次理论，人们首先要满足的是生理上的需求，即农户的温饱问题，对政策的执行情况是建立在他们生理需求被满足的基础之上的，所以即便他们对政策的接受态度是肯定的，也对放牧行为产生不了很大的影响。

## 二 生计多样性对放牧行为的直接影响

研究结果显示，生计多样性的提高会促使农户减少放牧行为。这与赵敏娟和周升强等人的研究结论相一致，赵敏娟（2019）认为，家庭生计资本越高的农户得到的生活保障越多，也更愿意保护草原从而期待享受到更好的生活环境。周升强（2020）在研究中发现，农牧民生计分化对牲畜养殖规模的扩大具有抑制作用。家庭生计多样性的提高会相应地提高家庭收入，进而促进牧民减畜意愿和减畜程度的提高，从而影响放牧行为（谢先雄等，2018）。不论是农户主动地去谋求生计多样化还是政府出台政策支持，都可以有效提升农户的收入水平，从而影响其放牧行为。郑殿元等（2020）在研究生计恢复力时也发现，与纯农户相比较，务工主导型和兼业均衡型农户的转型能力更高。这就说明，生计多样性更高的农户生活质量提高的可能性更大，会更加容易采取有利于改善环境的行为方式。

### 三 家庭基本状况对意识与放牧行为的调节效应

农户采取何种行为方式在一定程度上会考虑其自身的家庭状况。研究表明，生计多样性对草原依赖度与放牧行为有显著的调节作用。行为意愿是意识和外部情境因素（信息披露）相互作用的结果。任何意识和行为意愿都受到个体周围环境因素的影响（Best and Kneip，2011）。通常来讲，农户的草原依赖度不是随意就可改变的，在没有别的可靠的生计选择的时候，农户会选择延续其原先的生计方式。在经济的快速发展和政府的积极推动下，农户生计多样化程度逐步提高，其草原依赖度会有所降低，进而对其减畜意愿有显著促进作用，使得农户更倾向于采取对草原有利的行为方式（谢先雄等，2019）。

## 第五节 结论和建议

### 一 结论

本书通过构建放牧行为影响因素的结构方程模型，分析了影响放牧行为的作用路径，得到以下结论。

（1）农户的草原依赖度、环境敏感度和补偿机制满意度对放牧行为有显著影响，其中草原依赖度影响最大。

（2）草原依赖度与环境敏感度有显著的交互效应，草原依赖度与补偿机制满意度有显著的交互效应。

（3）生计多样性和青壮年劳动力数量对草原依赖度与放牧行为有显著的调节效应和中介效应。

## 二　建议

基于以上研究结果，我们发现，农户的草原依赖度、环境敏感度和补偿机制满意度直接影响农户的放牧行为。我们就政府如何提高环境敏感度和补偿机制满意度，降低草原依赖度来促进农户采取对草原更为有利的放牧行为，得出以下建议。

（1）政府要鼓励农户采取除了畜牧业以外的其他的谋生方式以降低其草原依赖度，从而促进农户采取对草原更为有利的放牧行为。

（2）政府要加强对农户的生态保护教育，对农户进行价值观培训，引导农户树立生态保护意识，从而提高环境敏感度，改变自身放牧行为。

（3）农户的行为意愿很大程度上取决于政策实施后经济利益的得失，政府需完善生态补偿机制，采取合适的补偿手段并制定切合实际的补偿标准，以提高农户对补偿机制的满意度。

（4）政府应当依据不同农户的家庭基本状况差异完善现行的政策内容，加大政策宣传及监管力度，以此调动农户保护草原生态环境的积极性，使其采取对草原更加有利的放牧形式。

# 第七章

# 沙漠化逆转区社会－生态系统恢复力评价

随着人类活动对地球影响的不断深入，人地关系耦合系统、社会－生态系统等复杂适应性系统的研究成为目前研究的新趋势（Ostrom，2009）。恢复力作为社会－生态系统的主要属性（王群等，2015；Cumming et al.，2005），是指系统受到干扰并能吸收干扰使系统不会转变为另一个稳态的能力（王磊等，2010）。社会－生态系统恢复力研究已经受到不同领域学者们的关注，然而，由于测量难度较大，目前对社会－生态系统恢复力的研究主要集中在理论研究阶段，对其实证研究还处在探索阶段（Folke，2006；叶笃正等，2001；朱士光，1982；朱震达，1998）。

草原农业人口的增加以及消费水平的不断提高导致农户放牧规模扩大，给草原带来巨大的压力，致使草原产草量和植被覆盖率降低，草原社会－生态系统进入不稳定状态。20 世纪

90 年代，中国西北地区草原沙化严重，草原社会－生态系统临近崩溃边缘（陈育宁，1986；邓朝平等，2006）。为了保护草原生态环境，国家对草原退化地区实施"退牧还草"工程，在草原退化严重和社会－生态系统脆弱地区实施全面禁牧政策，农户由自由放牧转变为舍饲养殖。为了政策的顺利实施和减少农户生产和生活方面的损失，国家实施生态补偿政策，帮助农户进行舍饲养殖和生计方式的转变。政策实施后，农户由游牧转为舍饲养殖，减轻了对草原的压力，草原产草量和覆盖率明显提高（赵哈林等，2011），同时也保证了农户对草饲料的需求，农户的收入得到保障（陈勇等，2013）。但国家生态政策是否能维持草原社会－生态系统良性循环，保证社会－生态系统处于理想的系统稳态？

基于此，本章建立了沙漠化逆转区草原社会－生态系统恢复力的系统动力学模型，模拟了沙漠化逆转区社会－生态系统恢复力的变化趋势，并通过调整生态补偿标准这一因子参数，预测 2016～2025 年不同生态补偿标准下的盐池县草原社会－生态系统恢复力变化趋势，试图找出影响草原社会－生态系统恢复力变化的原因和更加合理的生态补偿标准。

# 第一节　数据来源及研究方法

## 一　数据来源

鉴于数据的连续性和可得性，本章通过 2003～2016 年

《盐池县经济要情手册》、《盐池县"十五"统计年鉴》、《盐池县"十一五"统计年鉴》、《盐池县"十二五"统计年鉴》、2003～2015 年盐池县草原监测结果、2003～2015 年盐池县极端天气日数等获取原始数据。

## 二 研究方法

对社会－生态系统恢复力描述最著名的理论为"球盆理论"，它将系统描述为一个处于盆地中的球，当盆地中的球受到外界扰动或者内部相互作用时会发生位移，当扰动大于系统的恢复力时，球将会移出盆地，即系统超出阈值，改变原稳态进入另一个稳态，这种改变一旦发生，则系统很难恢复到原稳态。

本章试图通过运用社会－生态系统的"球盆理论"来判别系统的恢复力变化情况。根据"球盆理论"的定义，只要系统能够保持抵抗破坏性变化的能力就说明系统具有恢复力。我们可以把一个曲面分成两部分，它们由不同宽度的凹坑组成：一个表面光滑的和一个表面粗糙的凹坑。如果球在光滑的坑里，随着外部的扰动，球将会进入崩溃的轨迹，会从光滑的坑里跳出去。但是，如果球在粗糙的坑里，它将会待在深坑的底部，内生的系统力量可以使其保持一个具有可抗衡能力的系统，这就是系统的恢复力，否则，该系统将是没有恢复力的，因为它将受到将其从该坑推出的加强回路的控制，当它受到干扰时，会跳起来落到别的坑里。社会－生态系统恢复力的丧失可以被看作发生在交叉点的优势循环偏移的过程。

系统动力学起源于 20 世纪 50 年代，最早由美国麻省理工学院的 Forrester 教授提出（Forrester，2007）。系统动力学允许构建、分析数学模型和仿真场景来识别影响系统的关键反馈（Costanza and Ruth，1998）。随着系统动力学的进一步发展，其应用范围日益扩大，逐渐成了比较成熟的新学科。近年来，系统动力学也越来越多地应用于各种环境和资源管理的研究中（徐升华、吴丹，2016；彭乾等，2016；Macmillan et al.，2014），如全球环境可持续性（姜钰、贺雪涛，2014；曾丽君等，2014）、能源管理（张俊荣等，2016；Aslani et al.，2014）和自然灾害管理（Collins et al.，2013）。1999 年，Ford 对系统动力学模型进行了详细的描述（Ford，1999），指出通过连续激活和停用的系统动力学方法模拟模型的主循环并验证对主要变量的影响，从而识别反馈优势回路的变化，特别强调社会－生态系统的系统动力学模型并确定最终优势循环转移的过程，将系统恢复力的丧失看作发生在交叉点的优势循环偏移的过程（Richardson，1997）。这为社会－生态系统的实践应用提供了方法支持。本章将此方法应用于沙漠化逆转区草原社会－生态系统恢复力的估算中，实现"社会－生态系统恢复力"这一概念的实践应用，具体步骤如下。

（1）确定测定的变量，确定反馈优势回路并模拟该变量随时间变化的轨迹。

（2）确定一个时间段，在这段时间里，变量只有一种行为模式。

（3）确定一个候选回路，能影响相关变量的反馈回路。

（4）在每个循环中创建一个变量，使用这个变量来控制反馈优势回路，而这个变量不能是反馈回路中的变量。

（5）在参考的时间段内模拟相关变量，判断在这个时间段内相关变量的行为。

（6）如果行为模式和步骤（2）中参考的行为模式不一样，说明该测试回路在该时间段内主导了相关变量的行为。如果与步骤（2）中参考的行为模式一样，并且没有涉及其他反馈结构，则该循环不会在该时间间隔内主导系统。

### 三　模型模拟及描述

草原社会－生态系统是否能保持稳态，主要取决于草原质量和草原农户收益情况，在降水等自然条件不发生剧烈变化的前提下，草原社会－生态系统的稳态主要由草原农户的畜牧情况决定。根据草原社会－生态系统的主要因子，可将其总结为一个简单的存－流结构（见图7－1）。

在该结构中，只有一个反馈优势回路，草原反馈回路可分为积极和消极两种情况。一是合理放牧形成的积极反馈回路，当草原上放牧的数量控制在草原承载力的合理范围之内时，草原压力将会减轻，产草量增加，畜牧业发展良好，经济收益增加，农户拥有资金，可以转变生计方式，从而降低对草地资源的利用强度，使草原社会－生态系统进入良性的反馈回路结构。二是过度放牧引起的消极反馈回路，当放牧的数量超出草原承载力时，草地资源被过度利用，导致草原产草量减少，畜牧业收益降低，农户只能投入更大资金，饲养更多的牲畜来弥

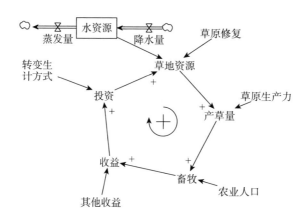

**图 7－1　草原社会－生态系统基本反馈回路结构**

补损失，草原社会－生态系统进入恶性循环的反馈回路结构，称为"死亡螺旋"，这种优势循环发生偏移过程的最终结果便是草原生态系统崩溃，进入草原荒漠化的系统稳态。根据社会－生态系统恢复力的"球盆理论"，可以说球已经越过粗糙的一面，进入光滑的一面，并将从光滑的一面跳出，一旦遇到连续的干旱等自然灾害，系统就会失去抵抗自然灾害冲击的能力，彻底崩溃，球从光滑的一面跳出，草原社会－生态系统彻底失去恢复力。

## 第二节　模型建立及检验

　　根据社会－生态系统恢复力的系统动力学方法和步骤以及数据的可获取情况，本章选了宁夏盐池县草原生态政策实施的 2003～2015 年作为参考时间段，并模拟了之后 10 年草原社会－生态系统恢复力变化趋势。盐池县生态政策的实施、国家

给予政策实施区农户的生态补偿是当地农户正常生产和生活的
重要保障，对草原社会－生态系统的稳定起关键作用。因此，
本章选择了生态补偿标准作为一个控制反馈优势回路的变量，
评价在这个时间段内，草原社会－生态系统其他相关变量的变
化。若草原社会－生态系统由积极反馈回路控制，说明草原具
有恢复力；若系统由消极反馈回路控制，系统将进入"死亡螺
旋"，丧失恢复力。

　　草原社会－生态系统是一个复杂的综合系统，想要把系统
所有因子以及相互关系在模型中展现出来比较困难，因此我们
选择了草原社会－生态系统主要因子建立模型并进行模拟。模
型中主要分为三个子系统，即社会子系统（畜牧业产出、农牧
民收益）、生态子系统（草原产草量、植被覆盖率）和政策子
系统（禁牧政策、生态补偿），根据三个子系统之间的相互关
系、相互影响和相互作用的机制，建立因果关系流程图（见图
7－2）。每个子系统不仅受所在系统内部的作用，也受系统外
部其他因子的影响，其中主要的反馈关系有：①畜牧业产出和
农牧民收益之间相互反馈，草原产草量和植被覆盖率相互反
馈；②畜牧业产出和农牧民收益会影响草原的使用情况，对草
原产草量和植被覆盖率产生影响，草原产草量和植被覆盖率反
过来又会影响畜牧业产出和农牧民收益；③禁牧政策直接影响
草原质量和畜牧业产出以及农牧民收益。

　　草原社会－生态系统主要受人—畜—草三者相互作用的影
响，在受政策调控的区域，政策对系统的运行产生重大影响，
根据草原社会－生态系统运行模式，从草原生态子系统、社会

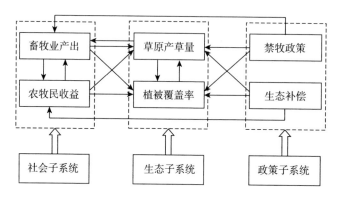

**图 7－2 草原社会－生态系统恢复力因果关系**

子系统和政策子系统三方面选取指标。草原生态子系统的影响因子主要有草原面积、草原产草量、植被覆盖率、降水量等；社会－生态系统是人类通过放牧活动获得经济利益，因此草原社会子系统主要受农业人口数量、人口迁移和农牧民收益等与人类活动有关因素以及羊只数量和价格等畜牧业有关因素的影响；政策子系统主要包括草原地区的禁牧政策和生态补偿等生态政策。根据系统动力学模型的可运行性以及数据的可得性，排除相关性较弱的因子后，选取 17 个因子，构建草原社会－生态系统恢复力三个维度的多指标体系（见表 7－1）。

　　根据草原社会－生态系统评价指标体系，运用系统动力学方法，构建了生态、社会和政策三个方面相互耦合的系统动力学模型（见图 7－3）。农业人口主要由出生率、死亡率和人口迁移等因素控制，由于外出务工人员对草原的影响力较小，因此迁移人口还包括在人力资源和社会保障局登记的外出务工人员。农业人口影响畜牧业生产主要表现在对羊只存栏增长率和出栏率的影响，同时农业人口还是农牧民人均纯收入的直接影响因素。畜牧业不仅受农业人口的影响，还受草原产草量、生态补偿、养殖成本、羊只价格和农牧民收益等因素的影响。农牧民收益主要受畜牧业生产、农业人口的其他收入以及生态补偿的影响。草原的质量由草原产草量和植被覆盖率因子来表征，除受降水量等自然因素的影响外，主要还受畜牧业生产的影响。

表 7－1　草原社会－生态系统恢复力指标体系

| 维度 | 指标 | 指标解释 | 单位 |
|------|------|----------|------|
| 生态子系统 | 草原面积 | 历年草原面积 | 万亩 |
| | 草原产草量 | 历年单位面积产草量 | kg/亩 |
| | 植被覆盖率 | 草原面积占土地面积的百分比 | % |
| | 降水量 | 年均降水量 | ml |
| 社会子系统 | 农业人口 | 历年农业人口数 | 人 |
| | 农业人口迁移比例 | 历年农业人口迁移数占总人口的比重 | % |
| | 羊存栏数 | 历年羊只存栏数 | 只 |
| | 羊出栏数 | 历年羊只出栏数 | 只 |
| | 羊出栏率 | 羊只出栏数占存栏数的比重 | % |
| | 羊出栏单价 | 历年羊价 | 元/只 |
| | 幼崽价格 | 历年幼崽价格 | 元/只 |
| | 农户纯收入 | 农户人均纯收入 | 元/年 |
| | 养殖成本 | 一只羊所需饲料×饲料单价×羊只数 | 元 |

| 维度 | 指标 | 指标解释 | 单位 |
|---|---|---|---|
| 政策子系统 | 禁牧范围 | 禁止放牧的面积 | 万亩 |
| | 禁牧草原补贴 | 禁止放牧的草原的补贴 | 元/亩 |
| | 牧草良种补贴 | 播种牧草良种的补贴 | 元/亩 |
| | 农户生产资料补贴 | 农户生产资料的补贴 | 元/户 |

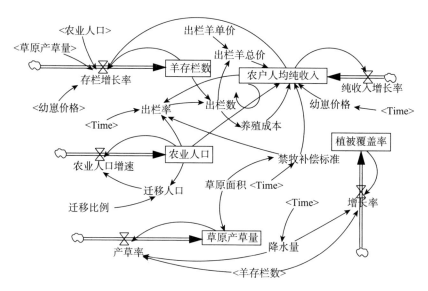

图 7-3 草原社会 - 生态系统恢复力系统动力学模型

选取 2003～2015 年的数据，运用系统动力学软件对模型进行历史检验，结果显示模型的仿真值和实际值拟合的相对误差大都小于 0.1%，部分指标拟合的相对误差为 0.1%～1%（见表 7-2），模型拟合度较高，适用性较强，可以作为模拟与预测的依据。

表 7 – 2　模型仿真值与实际值相对误差（部分例子）

| 年份 | 羊存栏数实际值（只） | 羊存栏数仿真值（只） | 相对误差（%） | 农业人口实际值（人） | 农业人口仿真值（人） | 相对误差（%） | 产草量实际值（kg/亩） | 产草量仿真值（kg/亩） | 相对误差（%） |
|---|---|---|---|---|---|---|---|---|---|
| 2003 | 449754 | 449754 | 0.000 | 128676 | 128676 | 0.000 | 68 | 68 | 0.000 |
| 2004 | 451958 | 451958 | 0.000 | 131051 | 131057 | 0.005 | 188 | 188.123 | 0.065 |
| 2005 | 575974 | 576426 | 0.078 | 129403 | 129461 | 0.045 | 86 | 86.4267 | 0.496 |
| 2006 | 439110 | 439282 | 0.039 | 130601 | 130666 | 0.050 | 53 | 53.1705 | 0.322 |
| 2007 | 645492 | 645790 | 0.046 | 131641 | 131699 | 0.044 | 142 | 142.59 | 0.415 |
| 2008 | 808449 | 809145 | 0.086 | 133022 | 133077 | 0.041 | 113 | 113.333 | 0.295 |
| 2009 | 854010 | 854785 | 0.091 | 131464 | 131492 | 0.021 | 138 | 138.639 | 0.463 |
| 2010 | 903314 | 904185 | 0.096 | 133615 | 133647 | 0.024 | 129 | 129.867 | 0.672 |
| 2011 | 914843 | 915761 | 0.100 | 134324 | 134352 | 0.021 | 132 | 132.751 | 0.569 |
| 2012 | 815617 | 816804 | 0.146 | 135485 | 135508 | 0.017 | 146 | 146.967 | 0.662 |
| 2013 | 871412 | 872647 | 0.142 | 137131 | 137158 | 0.020 | 149 | 150.137 | 0.763 |
| 2014 | 761982 | 762711 | 0.096 | 139067 | 139093 | 0.019 | 152 | 153.316 | 0.866 |
| 2015 | 783076 | 783848 | 0.099 | 134908 | 134961 | 0.039 | 168 | 169.209 | 0.720 |

## 第三节　生态政策对草原社会－生态系统恢复力的影响

从 2003～2015 年历史数据来看（见图 7－4a），盐池县农业人口缓慢增长。2003～2011 年，羊只存栏数快速增长，从 2011 年后呈现减少趋势。禁牧初期，农牧民不清楚国家生态政策持续时间，对政策持观望态度，再加上农牧民转变生计方式的思想落后，因此继续以畜牧业为生，同时，畜牧业由自由放牧转变为舍饲养殖，国家给予农户羊棚搭建资金补助，农牧民纷纷搭建羊棚，进行舍饲养殖，羊只存栏数在这个时期持续增长。生态政策中期，大部分年轻农牧民已转变其生计方式，外出打工或从事其他生计活动，老一辈农牧民年纪较大，没有能力从事畜牧业活动，再加上国家给予农户禁牧补贴、生产资料补贴等各项国家生态补偿，使农牧民能够维持基本生计，很多农牧民逐渐减少畜牧养殖，羊存栏数呈减少趋势。

草原产草量和植被覆盖率运动轨迹一致，出现两个峰值，2004 年出现高峰值，2006 年出现低峰值，之后成平稳上升趋势。这主要是因为在 2003 年，国家实施全面禁牧政策，在没有羊只啃食的情况下，草原植被开始迅速恢复，草原产草量和植被覆盖率迅速提高，2006 年由于当年降水减少等自然原因以及农牧民"偷牧"现象不断增加，再加上当地生态环境脆弱，草原产草量和植被覆盖率又迅速下降。2008 年以后，随着当地年轻农牧民生计方式的转变，同时，由于夜间"偷牧"劳动强

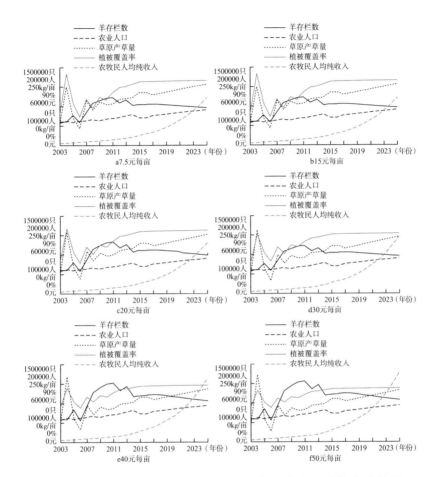

**图7-4 不同生态补偿标准下草原社会－生态系统恢复力情景**

注：每幅图分别代表一种生态补偿标准下社会－生态系统恢复
力各指标的变化，如a代表7.5元每亩标准下（当前生态补偿标准）
社会－生态系统恢复力各指标的变化。

度大，年纪较大的农牧民减少了畜牧养殖并进行圈养，以及国
家各种补偿标准的提高，养殖户逐渐减少，草原的压力得到缓
解，草原产草量和植被覆盖率得以增长。农户生计方式的转
变，国家的禁牧补偿和退耕还林补偿以及教育、医疗、住房和

养老等社会保障系统的不断完善，使得农牧民人均收入呈缓慢上升趋势。

随着禁牧政策的实施，农业人口增长缓慢，羊只存栏数逐渐减少，草原产草量和植被覆盖率不断提高，农牧民收入稳定增长，社会－生态系统开始由积极反馈回路控制；根据"球盆理论"可知，盆地中的球在粗糙的坑里，内生的系统力量可以使其保持一个具有可抗衡能力的系统，系统由不稳定逐渐向稳定转变，草原社会－生态系统恢复力较强。

## 第四节　不同补偿标准下草原社会－生态系统恢复力预测

将国家生态补偿标准作为控制变量，通过调整生态补偿标准变量来预测盐池县 2016～2025 年草原社会－生态系统恢复力状况，主要分为 6 个补偿标准：7.5 元/亩、15 元/亩、20 元/亩、30 元/亩、40 元/亩、50 元/亩。

通过调整禁牧生态补偿标准，可以发现，不论在何种标准下，2016～2025 年，盐池县羊只的存栏数都将呈现缓慢下降的趋势，随着补偿标准的提高，羊只存栏数下降的趋势不断增强。在现有补偿标准下，2016～2025 年，羊只存栏数预计下降 6.80 万只；在 50 元/亩的标准下，羊只存栏数预计下降 11.62 万只。不论在何种标准下，草原产草量和植被覆盖率曲线都呈缓慢上升的趋势，但随着补偿标准的提高，草原产草量增速逐渐变缓。到 2025 年，按照目前的补偿标准，草原产草量可能增加到 196.22kg/亩；按照 50 元/亩补偿标准，草原产草量可能增加到 166.21kg/亩，到 2025 年，植被覆盖率从现有补偿标准的 74.71% 下降到 50 元/亩补偿标准下的 61.95%。从 2016 年开始，随着补偿标准的提高，农牧民人均纯收入预计有明显的增加。综合考虑四个草原社会－生态系统的主要指标发现，并不是补偿标准越高越有利于草原社会－生态系统的稳定，当前国家生态补偿标准比较合理。虽然农牧民人均纯收入没有 50 元/亩标准下的高，但是在现阶段的生态补偿标准下，农牧民的人均纯收入在 2016～2025 年增加速度较快，且草原产草量和植被覆盖率达到最高，羊只存栏数也达到最低。

由此可见，生态政策实施以来，沙漠化逆转区草原生态系统恢复明显，社会系统趋于稳定，草原社会－生态系统对自然环境的冲击有较强的缓冲能力，不论在何种生态补偿标准下，沙漠化逆转区的草原社会－生态系统都具有较强恢复力，从农业人口、国家补偿金额、畜牧业规模、草原质量以及农牧民收益综合因素来看，目前沙漠化逆转区的草原生态补偿标准比较合理。

## 第五节　讨论

草原社会－生态系统主要受降水量、气候等自然因素和畜牧业等人类活动的影响，目前中国西北草原生态环境脆弱区还受到生态政策的影响。在生态、社会和政策的共同作用下，西北草原社会－生态系统具有较强的恢复力。究其原因可以发现，首先，草原生态政策实施已有十五年，最初对政策实施持续性持观望态度的农牧民对政策已有比较清楚的认识，且积极考虑未来生计的发展方向。农牧民对草原生产方式的依赖发生较大转变，80%以上有劳动能力的农牧民都外出务工或者寻找其他生计方式，融入城镇生活，而年纪较大的农牧民没有精力继续从事畜牧业，养殖数量在不断减少。其次，国家的农村社会保障体系进一步完善，教育、住房、养老、医疗卫生、文化娱乐等基础设施在农村已经基本完善，对草原农牧民的补贴标准和补偿类型也有所增加。就盐池县来说，国家和政府对农牧民的生态补偿类型有粮食补贴、退耕还林补偿、禁牧补偿、生产资料补贴、乡镇多种经营补贴以及房屋建设危房改建补贴等，对贫困户有扶贫优惠政策，对患有较大疾病和慢性病的农牧民减免医药费用，同时，农村养老金也有大幅度上涨。国家草原生态补偿政策的提高和社会保障体系的完善，使农牧民在生计方面没有后顾之忧。最后，经过十几年的沙漠化治理工程，农牧民普遍反映当地生态环境明显恢复，农牧民的生活质量得到改善，农牧民生态环境意识有了较大提高。因此，在生态政策实施的过程中，未来草原质量将会不断提高、农牧民生活也会不断改善。

生态补偿对国家生态政策的顺利实施起关键作用，是增强社会 - 生态系统恢复力的关键因素。生态补偿标准的制定关系着草原社会 - 生态系统的稳定，因此制定合理的生态补偿标准至关重要。国家综合各方面的因素，制定了当前的生态补偿标准，在目前的生态补偿标准下，2016 ~ 2025 年，草原社会 - 生态系统恢复力会不断增强。随着生态补偿标准不断提高，沙漠化逆转区社会系统会更加稳定，但生态系统恢复力会有所下降。研究发现，草原植被若长期不被牲畜践踏，结皮厚度不断增加，会限制当地植被对降水的利用率，导致草地质量下降（侯彩霞等，2017；刘建，2011）。近年来，从事畜牧业的农户的数量在不断减少，如果不断地提高生态补偿标准，农户彻底脱离草原，将导致草原被"撂荒"，草原植被质量下降。国家当前生态补偿标准可避免草原植被质量下降和保持草原社会－生态系统的稳定，使草原社会－生态系统恢复力较强。

系统动力学模型可以通过反复改变参数标准模拟系统运行轨迹，从而测量该系统是否具有恢复力，为社会－生态系统恢复力的定量研究提供可行性方法（Bueno，2009）。本章的模拟比较简单，实际的社会－生态系统是复杂的综合性系统，并且有更多的平衡回路和加强回路相互作用，共同主导系统的发展，因此需要模拟更加复杂的优势循环系统从而更清楚地测量社会－生态系统的恢复力。在未来的研究中可以结合某一社会－生态系统中各种平衡回路和加强回路，更加精确地模拟复杂社会－生态系统优势循环的运行轨迹，找出系统恢复力的临界值，测算社会－生态系统的恢复力。

# 第八章

# 沙漠化逆转的社会－生态系统管理模式与对策

　　国家针对沙漠化问题，实施了退耕还林（马定渭等，2006；高桂莲等，2006；岳淑芳等，2005）、三北防护林（姚向荣，2000；于丽政，2008；邵爱英，1996）、"退牧还草"（张鹤、宝音陶格涛，2010；李文卿等，2007；张海燕等，2016；王静等，2009）等一系列治沙政策和工程。在国家的大力治理下，沙漠化得到有效控制，生态环境恢复效果明显，2000年后我国部分沙漠化地区开始出现逆转（王涛，2009；徐丽恒等，2008；马全林等，2011）。通过对盐池县社会－生态系统恢复力的研究发现，沙漠化逆转区生态系统恢复明显，社会经济系统逐渐趋于稳定，恢复力增强。通过对其原因的分析发现，生态政策的实施是实现沙漠化逆转区社会－生态系统稳定的保障，同时，社会保障系统的不断完善对该地社会－生态系统的稳定起重要作用。为了保证沙漠化逆转区社会－生态系统的稳定发展，保护治沙成果，必须找到适合沙漠化逆转区的有效管理模式和对策。本章在总结前人研究的基础上，结合盐池县实际情况和社会－生态系统保障体系，提出了沙漠化逆转区社会－生态系统的管理模式和对策。

## 第一节　沙漠化逆转的社会保障体系

自生态政策实施以来，局部沙漠化出现逆转，草原生态环境得到恢复，社会经济稳定发展，这与当地社会保障体系不断完善具有密不可分的关系。根据盐池县生态补偿和社会保障体系的实际情况，从社会保险、农业保险、社会福利、生态补偿、社会救助五方面评价了盐池县社会保障体系对沙漠化逆转过程稳定性的作用，并针对社会保障体系的完善提出了相关的建议。

社会保险主要从城乡居民养老保险水平、城乡居民基本医疗保险水平两方面进行评价；社会福利主要从乡村基础设施建设、住房补贴水平、贷款水平和教育保障水平四方面进行评价；生态补偿主要从退耕还林补偿、禁牧补偿和农业补贴三方面进行评价；社会救济主要从贫困户救助水平、医疗救助水平和残疾人救助水平三方面进行评价（见表 8 - 1）。

### 表 8 - 1　沙漠化逆转区农户的社会保障体系

| 维度 | 指标 | 指标解释 |
|---|---|---|
| 社会保险 | 城乡居民养老保险水平 | 养老金发放覆盖面和养老金标准 |
| | 城乡居民基本医疗保险水平 | 医疗保险覆盖面和医疗保险标准 |

| 维度 | 指标 | 指标解释 |
|---|---|---|
| 农业保险 | 农业保险水平 | 农业保险的种类和金额 |
| 社会福利 | 乡村基础设施建设 | 乡村基础建设覆盖面和完善程度 |
| | 住房补贴水平 | 住房补贴覆盖面和补贴标准 |
| | 贷款水平 | 贷款覆盖面和贷款金额 |
| | 教育保障水平 | 中小学减免学费覆盖面和减免程度 |
| 生态补偿 | 退耕还林补偿 | 退耕还林补偿标准和覆盖率 |
| | 禁牧补偿 | 禁牧补偿标准和覆盖率 |
| | 农业补贴 | 粮食直补、良种补贴、种草补贴等农业补贴的标准 |
| 社会救济 | 贫困户救助水平 | 贫困户人数和救助标准 |
| | 医疗救助水平 | 直接医疗救助支出，医疗救助人数 |
| | 残疾人救助水平 | 残疾人人数和补贴金额 |

## 一　社会保险

社会保险主要分为城乡居民养老保险和城乡居民基本医疗保险。调研发现，盐池县社会保险覆盖面达到100%，全县老人均有养老保险和医疗保险。城乡居民养老保险费由个人缴费、集体和政府补助构成，个人缴费分为每人每年100～2000元12个档次，宁夏回族自治区和盐池县财政部门根据参保居民实际缴费的档次确定补贴金额，从30元到200元分为12个档次。自治区和县政府对残疾人、贫困户和五保户等没有能力缴费的居民进行全额或部分补贴。2011年之前满60周岁的老人，不用缴费，直接领取基本养老金。近年来，基本养老金上涨速度较快，截至 2017 年，基本养老金上调为每人每月 170 元。盐池县养老保险制度不断完善，为盐池县老年人基本生活提供了保障。

目前，盐池县居民基本医疗保险已全面覆盖。居民基本医疗保险分为三档，一档为 130 元/年，二档为 270 元/年，三档为 545 元/年。自治区、盐池县等各级财政部门对居民基本医疗保险人均补助 502 元/年。对于低保户或建档立卡户，个人只需缴纳 30 元/年，区民政和区财政给予 100 元/年补贴，对于农村五保户和贫困户中二级残疾以上的农户，区民政和区财政全额补贴三档保险。农户患普通疾病的报销比例为 55% ~ 70%，患大病的报销比例为 56% ~ 73%。可见，盐池县社会保险体系已基本完善，且国家和当地政府扶持力度较大，基本解决了当地养老问题和医疗问题，为当地社会经济稳定提供了保障。

## 二　农业保险

农业是农户的基础产业，为了减少农户农业产值风险，政府根据盐池县实际情况制定了一系列的农业保险，主要包括养殖业和种植业（见表 8 - 2）。政府给予一定补贴，对贫困户给予每户最高 1000 元补贴，对一般农户每户最高给予 500 元补贴。在农业生产得到保障的情况下，盐池县全年滩羊饲养量达到 311.2 万只，滩羊肉价格达 52 元/公斤以上，种植黄花达到 6.1 万亩，亩均收入在 6000 元以上，特色产业对群众增收的贡献率达到80%，保证了农户的农业增收。

表 8－2　盐池县农业保险类型及金额

| 保险种类 | 保险费 | 保险金额 |
|---|---|---|
| 滩羊肉价格 | 39.6 元/只 | 22 元/斤（滩羊肉） |
| 基础母羊、种公羊养殖 | 36 元/只 | 600 元/只 |
| 能繁母猪养殖 | 60 元/头 | 1000 元/头 |
| 黄花种植 | 60 元/亩 | 1000 元/亩 |
| 马铃薯收益 | 28 元/亩 | 700 元/亩 |
| 玉米 | 35.2 元/亩 | 880 元/亩（水浇地） |
| 荞麦 | 12.8 元/亩 | 256 元/亩 |

### 三　社会福利

近年来，盐池县的基础设施建设已基本完善，总计建成村组道路 3230 公里，村庄巷道 1458 公里，公路密度达到37.90%，实现全县村组道路建设全覆盖；全县自来水普及率达到了 100%，供水水质达标率为 100%；全县建成 102 个村级文化服务中心，配套建设 115 个乡村文化广场，全部安装健身器材。通过政府引导支持，客运公司＋公交公司运行模式，盐池县所有行政村都通了客车；盐池县还培育了滩羊养殖、小杂粮种植、黄花种植、中药材种植等特色产业。目前，盐池县102 个行政村均有了稳定的支柱产业；通过公开招聘录用，配齐了村医，全县 102 个村卫生室实现标准化，方便了群众就近就医；盐池县建成了 74 个贫困村的光伏电站，连续 20 年每年村集体经济增加 22 万元收入。

为了保障农户住房安全，从 2009 年开始盐池县实施危房危窑改造政策，由群众自筹资金进行建设，面积控制在 40～90 平方米。2009 年政府给予危房危窑改建补助金额为每户 0.5 万元，2010 年补助金额增长为 0.6 万元，2011 年增长到 1 万元，2012～2016 年，将农户分为一般户、低保户和极贫户三类，补助金额分别为 1 万元、1.5 万元和 2.2 万元，2017 年统一为每户 3 万元。2017 年盐池县农村完成危房危窑改造的全覆盖，使所有农户住房安全得到了保障。

盐池县政府向 18～65 岁有生产经营能力的贫困户每户提供 3 年期内的免担保、免抵押、财政全额贴息的 5 万元以下贷款；信用社和各大银行对贫困户实行了基准利率的贷款优惠政策。同时，政府设立互助资金，以基准利息给予贫困户互助组贷款，互助组的社员可贷 1.5 万～5 万元。

为了保证农户子女教育水平的提高，除了国家统一实施的义务教育的"三免一补"政策外，对就读于盐池县的学生免除学杂费、教科书费等各种费用，并对义务教育阶段和高中阶段的学生补助交通费。全县义务教育阶段小学按时入学率达到 100%，初中按时入学率达到 98.9%。

## 四　生态补偿

为了有效地治理沙漠化，保护沙漠化逆转区的生态环境，国家在盐池县相继实施了退耕还林和禁牧政策，为了保证生态政策的顺利实施，减少失地、禁牧农户的经济损失，国家实施了生态补偿政策。2001～2008 年，退耕还林补偿标准是每年 160 元/亩，2009～2016 年，补偿标准为每年 90 元/亩。

并对封山育林的农户进行补偿，第一年补偿 800 元，第三年补偿 300 元，第五年补偿 400 元。2001～2016 年，在生态政策实施的过程中，全县退耕还林面积达 48 万亩，林地总面积达到 177.6 万亩。补偿户数达到 36042 户 13.4 万人，覆盖率为 100%。

2003 年盐池县实施全县禁牧政策，并对所有禁牧地区农户给予生态补偿，禁牧初期，禁牧补偿为每年补助饲料粮 11 斤/亩。从 2004 年起，禁牧补偿形式改为现金，按照饲料粮 0.45 元/斤进行换算。2005 年，国家开始对草场围栏建设，并对重度退化的草原实施补播，同时，对优质牧草播种给予 10 元/亩的补偿费。2011 年全面建立草原生态保护补助奖励机制，对草原实行禁牧封育给予每年 6 元/亩的禁牧补助，并给予农户每户 500 元的生产资料综合补贴。2016 年开始，国家的禁牧补助提高到每年 7.5 元/亩。

近年来，盐池县根据当地实际情况，对农户进行了农业方面的补贴。种植小杂粮、一年生优质牧草、青贮、黄贮、黄花和养殖生猪、鸡都给予一定补助，同时，对于农户新建滩羊养殖温棚、生猪养殖暖棚和晾晒加工设施，政府给予资金支持，而且政府统一配送滩羊专用系列饲料，饲料补助 400 元/吨（见表 8-3）。每个乡镇支持发展多种经营项目 3～5 个，对农户采取以奖代补的形式进行支持，户均 1000 元，每户补助最高 2000 元。2017 年盐池县对 15.73 万亩耕地种粮农民进行粮食直补，补偿标准为 15 元/亩。对 132.26 万亩耕地种粮农民进行农资综合补贴，其中旱地 112.80 万亩，水地 19.46 万亩，补偿标准为旱地 23 元/亩，水地 58 元/亩，并对 23.18 万亩耕地农作物进行了小麦和玉米良种补贴，补贴标准为 10 元/亩。

表 8 - 3　盐池县农业补助

| 补助种类 | 补助金 | 补助种类 | 补助金 |
|---|---|---|---|
| 小杂粮 | 40 元/亩 | 猪 | 500 元/头 |
| 一年生优质牧草 | 60 元/亩 | 鸡 | 20 元/只 |
| 青贮、黄贮 | 60 元/吨 | 滩羊饲料 | 400 元/吨 |
| 黄花 | 700 元/亩 | 混凝土晒场 | 30 元/米$^2$ |
| 新建滩羊养殖温棚 | 3000 元/座 | 新建生猪养殖暖棚 | 2000 元/座 |

## 五　社会救济

盐池县有 102 个行政村，2017 年总人口为 17.2 万人，其中农业人口 14.3 万人，共有 74 个贫困村，有 32867 个贫困人口。盐池县根据国家精准扶贫政策，对贫困户和残疾人等在社会保险、医疗和教育等方面进行了救助。2017 年盐池县专项扶贫资金为 26005 万元，支出 25225 万元，支付率达到 97%。结合医疗卫生体制改革，盐池县建立了基本医保报销、大病医疗保险报销、大病补充医疗保险报销、家庭综合意外伤害保险报销、民政医疗救助、民政临时救助、扶贫慈善救助、卫生发展基金救助的"四报销四救助"体系，确保贫困户年度住院个人医疗费用支出比例控制在 10% 以内，年内累计个人支付不超过 5000 元。目前，共为 4000 多名大病患者落实了医疗报销政策，为 8112 名因病致贫、慢性病患者进行了免费体检，为所有建档立卡户开展签约服务。对贫困户和残疾人，政府资助其社会保险费，同时，政府为盐池县 60 岁以上的老年人每人资助一份 30 元的意外伤害综合保险，为五保、低保和双佣老人购买三份意外伤害综合保险，并为全县 1773 位 60 岁以上一、二级残疾老人每年发放 115 元护理补贴。

政府对贫困家庭的学生实施从学前教育到就业的"一条龙"帮扶机制，目前共资助学生 1.3 万人次 2465 万元。从 2013 年到 2015 年，盐池县对贫困家庭就读中职、高职的贫困学生给予每年 1500 元补助，从 2015 年，补助金增加到每年 3000 元，贫困户一、二本学生每年补助 9000 元，连续补助四年。团县委、帮扶办等相关部门对当年考入三本以上的贫困家庭学生给予 8000 元的一次性生活救助。盐池县对贫困户劳动技能培训给予补助，取得驾照的贫困群众补助金额为 2200～4000 元，参加技能培训取得资格证且稳定就业或创业者补助 2000 元。

盐池县设立了 1000 万元"扶贫保"风险补偿金，建立了盈亏互补机制，实现了所有农户扶贫保全覆盖。特别是将大病补充保险费由自治区的 45 元提高到 90 元，家庭综合意外保险费为 100 元，县财政为所有建档立卡户进行缴费，非建档立卡户可自愿缴纳，财政补贴 60%，个人承担 40%。贫困患者住院医疗费用实际报销比例提高到 92.3%，报销额度提高到 20 万元。

可见，近年来，盐池县社会保障体系完善程度较高，在各个方面为农户建立了保障体系。确保农户看病有保障、生活有保障、生产有保障、养老有保障，对沙漠化逆转区的社会－生态系统稳定和恢复起到较大作用。

## 第二节　农户对社会保障系统的满意度

近年来，盐池县社会保障系统逐步完善，成为沙漠化逆转区生态系统恢复和社会系统稳定的重要保障，为沙漠化逆转区社会－生态系统恢复力的增强提供支持，保证了沙漠化逆转区的社会稳定和逆转过程的可持续性。课题组于 2017 年在盐池县的 8 个乡镇分别随机选取 3 ~ 4 个村庄进行了农户对社会保障和生态政策的满意度方面的问卷调查，调查内容包括农户对社会医疗保障、养老保障、住房情况、交通程度、收入情况、政府管理水平、政府和社会对农村的扶持度和关注度、生态补贴、饮用水的满意度等内容，回收有效问卷 241 份。

研究结果显示，有超过 65% 的农户对社会医疗保障表示满意，有超过 80% 的农户对养老保障制度表示满意（见表 8 - 4），他们认为国家的医疗保险制度和养老保险制度在不断地完善，为农户的生活解决了后顾之忧，之前农户没有医疗保险和养老保险，遇到大病没有能力看病，只能倾家荡产或只能任由其发展，因病死亡的人数和因病致贫的人数较多。医疗保险制度的实施解决了看病难问题，使农户的基本生活有了保障。同时，养老保险制度的实施保证了农户在丧失劳动能力时的基本生活，且随着养老保险金额不断提高，老年人基本生活得到保障。在生态政策实施过程中，社会保险制度的不断完善，减少了失地农户的风险，使其对政策的适应能力有所提高。

表 8－4　农户对社会保障系统的满意度

单位：%

| 指标 | 赋值 | | | | |
| --- | --- | --- | --- | --- | --- |
| | 非常满意 | 比较满意 | 一般 | 比较不满意 | 非常不满意 |
| 对社会医疗保障满意度 | 32. 37 | 32. 78 | 14. 11 | 11. 62 | 9. 13 |
| 对养老保障满意度 | 54. 36 | 29. 88 | 7. 47 | 5. 39 | 2. 90 |
| 对住房情况满意度 | 40. 66 | 34. 02 | 8. 30 | 10. 79 | 6. 22 |
| 对周围交通程度满意度 | 69. 71 | 17. 84 | 4. 56 | 4. 98 | 2. 90 |
| 对本地饮用水满意度 | 71. 78 | 18. 26 | 3. 73 | 4. 15 | 2. 07 |
| 对孩子教育资助满意度 | 23. 08 | 47. 06 | 9. 50 | 20. 36 | 0. 00 |
| 对生态补贴满意度 | 20. 33 | 40. 66 | 16. 60 | 14. 11 | 8. 30 |
| 对政府和社会对农村的扶持度和关注度满意度 | 45. 23 | 27. 80 | 12. 86 | 9. 54 | 4. 56 |
| 对总体收入状况满意度 | 9. 13 | 36. 10 | 19. 09 | 20. 75 | 14. 94 |
| 对村政府管理水平满意度 | 15. 35 | 31. 12 | 25. 31 | 15. 35 | 12. 86 |
| 社会公平满意度 | 9. 96 | 12. 03 | 12. 45 | 46. 06 | 19. 50 |
| 收入公平满意度 | 11. 62 | 19. 09 | 15. 35 | 44. 81 | 9. 13 |

　　随着社会福利制度的不断完善，农村基础设施的不断健全，有约75%的农户对目前的住房情况非常满意或比较满意，

对周围交通程度和本地饮用水满意的农户高达 85% 和 90% 以上。随着国家近年来对危房改造政策的实施，有 90% 以上的农户已完成危房改造项目，且当地村村通水泥路，村村通自来水，交通条件和饮用水得到了较大改善。除了国家统一实施的义务教育"三免一补"政策外，当地政府免除学杂费、教科书费和寄宿生住宿费，并对义务教育阶段和高中阶段的学生补助交通费，得到了农户的认可，有约 70% 的农户对孩子教育资助表示满意。

有约 60% 的农户对政府实施的生态补偿和农业补助表示满意，国家在生态政策实施的过程中，对当地生态和农业给予有效的补偿，减少了农户的农业风险并提高了农户的收入。农户普遍认为国家、政府和社会会对当地农户提供很多优惠政策和扶持，有超过 70% 的农户表示对政府和社会的扶持度和关注度满意。

虽然国家、政府和社会在生产和生活上给予农户很大的扶持，但约 35% 的农户对当前的收入水平不满意，对当前的收入水平表示满意的农户不到一半，他们认为目前收入水平较低，生活质量无法得到保证。同时，有很大一部分农户认为存在乡村干部在管理上不公平、不作为的现象，有约 45% 的农户表示对村政府管理水平满意，有约 25% 的农户认为村政府的管理水平一般，有将近 30% 的农户对村政府管理水平不满意，有超过 65% 的农户对社会公平情况比较不满意或非常不满意，仅有约 20% 的农户对社会公平情况非常满意或比较满意。

## 第三节　社会保障制度存在的问题及完善对策

随着社会保障制度的不断完善，在生态政策实施的过程中，农户基本生活得到较大保障，减轻了生态政策带来的风险，帮助农户顺利适应生态政策带来的影响，保证了沙漠化逆转区社会经济的稳定和生态环境的恢复。社会保障制度为沙漠化逆转区的稳定和逆转过程的可持续性提供了最大保障，但社会保障制度还存在一些问题需要不断地改进和完善。

（1）资金投入偏低，需要稳步增加。农村社会保障体系不断完善，资金投入比例也在不断增加。但是目前社会保障资金投入的上升速度远远赶不上物价上涨的速度，农户拿到的保障金无法达到当前生活水平的最低标准，不足以维持基本生活。政府需要不断地调整社会保障的资金投入，尤其是养老金和医疗保险金方面，以期保证农户的最低生活消费。

（2）管理制度不完善，需要适时调整。盐池县目前的社会保障制度以扶贫方式为主，针对贫困户的政策和优惠较多，对于普通农户的保障较少，造成了社会保障水平的虚高。随着扶贫工作的完成，社会保障制度会暴露更多的问题，而且对社会保障制度执行的监管也不到位，多数享受扶贫待遇的"贫困户"不是真正的贫困户。因此，社会保障制度的管理需要跟进完善，对普通农户给予更切实的保障，达到"广覆盖、保基础、多层次、可持续"的标准。同时，需要加大对社会保障体系的监管力度，切实提高政府的管理水平，做到公平、公正地为人民服务，健全农村社会保障制度，保证农户的切实利益。

（3）农民的参保意识弱，需要积极引导。由于农户的受教育程度较低，再加上政府对社会保障制度的宣传力度不够，农户对社会保障制度了解甚少，而且参保程序较烦琐，农户没有能力参保，大部分农户放弃申请参保机会，参保种类和人数少。政府需要广泛宣传社会保障制度，积极引导农户参保，提高其参保意识。同时，简化参保申请程序或者在地方设立农户参保机构，方便农户参保。

（4）转移就业问题突出，需要拓宽农户就业渠道。对于农村居民来说，农牧业是主要就业渠道，但是生态政策的实施，使农户失去大量土地，再加上沙漠化逆转区人口不断增加，农村剩余劳动力不断增加。农民缺乏其他劳动技能，面临较大的就业压力，也造成了当地社会收入的减少，不利于沙漠化逆转区社会的稳定和生态的恢复，严重影响沙漠化逆转的可持续性。因此，政府应该提高对农户就业问题的重视程度，将就业问题作为社会保障系统的主要问题，积极提供就业渠道、增加就业培训，合理安排农户就业。

## 第四节　沙漠化逆转的社会－生态系统管理模式

草地资源是自然和人类关系的重要组成部分，在人类长期活动的作用下，草原系统形成了一个复杂的综合性系统。草原是人类生产和经济活动的重要资源，是人类谋生的重要资源，因此，对草原的管理主要是以"人类为中心"的管理模式。在这种管理模式下，随着人口压力的增加和消费水平的提高，草原面临的压力不断加大，造成了草原植被的严重退化，草原生态系统濒临崩溃，沙漠化日益严重，对草原人民的生产和生活造成极大影响。为此，国家和政府开始转变管理模式，制定各项生态政策治理和防止沙漠化，恢复草原植被等。对草原系统的管理主要是治理和恢复草原植被，对草原上的人类采取强制的政策手段，防止其对草原造成破坏，没有综合地考虑人类活动和草原生态环境相互依赖、相互作用的重要性，形成了以"自然为中心"的一边倒管理模式。在这种管理模式下，草原植被得到恢复，但是人们的生产和生活受到了很大影响。通过对自然资源管理模式的不断探究，越来越多的专家学者对自然资源管理的讨论正从"一边倒"的管理模式转向"社会－生态"相耦合的管理模式，并提出了适应性管理、共管等新的管理模式。这为草原管理模式的构建提供了新理念，为草原资源治理带来了新启示。

## 一 社会－生态系统适应性管理模式的构建

随着人类社会的不断发展，人类对生态环境的影响正在不断地加强，虽然人们意识到人类与自然环境的关联性，对其研究也层出不穷，但是很少能深刻地认识到人与自然相互联系的复杂性（Berkes et al.，2003）。人类的一个生活习惯可能会对生态系统造成永久性的改变，比如人类在刚开始使用氟利昂冰箱的时候，并没有意识到它会对臭氧层造成破坏。人们对某种奢侈品的追求可能会改变原料产地的生态系统（Best and

Kneip，2011）。

为了探寻人与自然相互联系的复杂性，专家学者们试图将生态学、生物学、物理学、化学、社会学等不同学科综合成一个复杂的跨学科研究，找出人与自然联系的规律。20 世纪 80年代，跨学科——复杂学科研究开始兴起。根据复杂学科的研究发现，社会系统（人）与生态系统（自然）是一个密不可分的整体，它们之间具有非线性关系、相互依赖关系、阈值效应、滞后性、不可预知性和不可逆性等特点（Malanson，1999；Jasanoff et al.，1997）。传统的、静态的生态系统和社会经济系统研究已经不能满足社会－生态系统复杂性适应研究。Holling 等提出"适应性管理"这一概念，他们认为对社会－生态系统的管理应该有足够的弹性，能够从不断变化的环境中观察和总结出经验，并不断学习，形成"干中学"的习惯。

近年来，一些学者将"内生人群"纳入适应性管理中，他们认为"内生人群"很大程度上一直在实行区域的适应性管理，对区域的生态环境和历史发展等有更深刻的认知，对区域的社会－生态系统管理具有重要的作用（Olsson et al.，2004；Armitage，2003；Berkes et al.，2000；Folke，2004），并将"共管"概念逐渐引入管理模式，提出了"适应性共管"的管理模式（Olsson et al.，2004；Dietz et al.，2004）。适应性共管的主要特点就是将资源使用者作为管理的一个重要主体，集成不同的管理者知识系统，是国家、区域和社区共同管理的系统管理模式。

## 二 适应性管理模式在沙漠化逆转区的运用

社会－生态系统是一个将社会系统和生态系统联系在一起，具有复杂性、自组织、多稳态、阈值效应、历史依赖性等特征的复杂的适应性系统。静态、单一的生态系统和社会经济系统管理模式已经不能适应复杂的社会－生态系统，需要从复杂的社会－生态系统的视角制定管理模式，建立新的规则、制度和方法。

社会－生态系统管理模式是一种强调生态、社会、经济全面平衡发展的和谐的适应性管理模式。首先，社会－生态系统是一个综合了社会－经济－生态各要素的复杂适应性系统。因此，制定管理模式必须将单一的生态系统、经济系统和社会系统组成一个相互联系的社会－生态系统，从政策体制改革、技术革新和行为诱导方面入手，促使草地资源高效利用，社会经济稳定发展，政府政策有效实施，生态、经济、社会、政治全面发展。其次，社会－生态系统是一个自组织和多稳态的系统，是一个随时都在变化的系统。这便需要管理者不断地学习，认真研究系统的变化，根据系统的变化结果对系统进行有效管理，同时对系统的管理需要有足够的弹性来适应系统环境的变化。"干中学"是社会－生态系统管理者应该具备的基本素质。最后，社会－生态系统管理模式必须考虑地方特性和历史传统知识。一个地区的社会－生态系统是延续历史发展轨迹并不断变化的，具有历史依赖性，社会－生态系统管理模式强调管理制度和实践要融合地方知识和传统，"适应性管理"是

对社会 – 生态系统十分重要的管理模式。

沙漠化逆转区社会 – 生态系统是综合各方面要素的复杂的适应性系统，研究结果显示，自生态政策实施以来，盐池县社会 – 生态系统逐渐趋于稳定，为了防止"公地悲剧"的困境再次发生，必须从社会 – 生态系统综合角度以及多层次管理相结合的角度对其进行管理，适应性管理模式包括提供信息、应对冲突、分析对话、"干中学"和多样性治理。在未来的沙漠化逆转区管理模式中，应将农户、企业和政府统一起来，形成农户社区管理、企业 + 农户市场管理和政府调控管理相结合的多层次适应性管理模式。对沙漠化逆转区社会 – 生态系统的管理，是为了在保证草原生态系统恢复力不被破坏的前提下，社会经济效益得到充分的体现，在资源使用和分配上实现公平、效率，农户和企业等资源的使用者对资源的使用和保护有充分的责任心。同时，政府的管理水平和效益对资源的保护和有效使用具有重要作用。根据 Ostrom 的社会 – 生态系统分析框架，可以从资源系统、资源单位、管理系统和用户四个方面评价沙漠化逆转区管理效益（见图 8 – 1）。

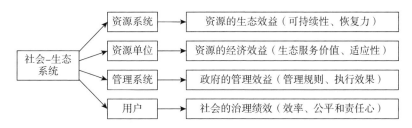

**图 8 – 1 社会 – 生态系统管理效益评价体系**

# 第五节 沙漠化持续逆转的管理对策

沙漠化的形成不仅有自然环境和气候的原因，还与不合理的人类活动有密切联系。因此，沙漠化的治理不能单从改变自然环境方面入手，还必须解决沙漠化土地上人口压力过重、人类活动不合理等社会问题（张克斌等，2003），从生态、社会经济等方面入手，将生态系统和社会经济系统相耦合，把沙漠化治理和草原地区的经济发展结合起来，建立一个资源—使用者—管理者相互联系的完整的多层次适应性管理体系。

第一，完善草原管理相关法律法规。法律是草原政策实施和管理的重要保证，为了确保草原地区植被不被破坏，保护沙漠化治理的成果，保证沙漠化逆转的可持续性，必须完善和健全草原和沙漠化治理相关的法律制度。目前，我国草原和治沙方面的相关法律较多，但是由于权力和责任划分不清，各部门之间针对同一个问题时处理办法不同，存在职权上的冲突和交叉问题，因此必须明确各部门之间的职责和权限。在我国《草原法》中关于农户破坏草原的惩罚办法也有规定，但是法律不明确，执行力不强，惩罚力度不够，导致农户对法律没有敬畏感和遵循的约束力。因此，需要不断完善法律的具体内容和细节，可以将破坏草原的惩罚法律和国家民法、刑法等法律结合起来，用民法和刑法来约束破坏草原的人，提高法律的执行力，加大惩罚力度，提高赔偿金额，例如将草原破坏的惩罚列入刑法或者民法的条款里。同时，必须加强地方政府的行政管理，地方政府在执行草原管理和监督时必须严格按照法律程序，不能按照政府意志和部门领导意志随意更改管理制度和惩罚办法。草原和治沙等法律法规要形成科学的、完整的、具有可执行力的法律体系。

第二，设立专门的监督管理机构，建立多层次草原管理机制。目前沙漠化逆转区没有建立一个完整的正规监督管理机构和部门，也没有独立的草原监督队伍，大多数是政府临时成立的监督管理部门和队伍，对沙漠化逆转区的监督和执行缺乏系统性。因此，在沙漠化逆转区需要建立专门的草原监督管理机构，并将机构运转经费纳入当地财政支出。通过招募和考核制度建立一支专门从事草原监管的队伍，对其进行草原法律法规的培训，增强队伍的专业素养，并将工作人员纳入事业单位编制，增强其责任感和使命感。在建立专门的监督机构的同时，还应将草原的实际使用者纳入草原的监督管理中。农户是草原的主人，对草原的情况更加了解，同时对如何合理利用草原也最有发言权，将农户纳入草原管理中，有利于缓解草原生态系统和社会经济系统之间的矛盾，使草原发挥更大的生态和经济价值。将有共同利益的农户集中起来组成社区监管小组，共同监督农户放牧情况，确定监测过程和评价指标体系，根据草原的使用情况，定期地检测草原质量，违规放牧导致植被受到破坏的草原将被收回并划定为禁牧区。农户和企业相互合作，政府将部分土地承包给企业，对企业进行直接监督，社区和企业利用各自优势进行养殖和放牧，实现利益最大化。政府根据社区管理的成果、草原植被恢复情况等信息，不断调整管理政策。例如，政府可以不定期检验草原植被情况，根据植被情况决定该区域是否适合继续放牧，一旦发现违规放牧，将取消企业或社区对草原的使用资格，并勒令其缴纳修复草原的罚金，政府还可以根据社区和企业的表现给予相应资助和奖励，促进其合理利用草原。

第三，建立完整的草原监测信息平台。对草原的监测是保护和合理利用草原的基础，草原监测管理，可以为实现草畜平衡、禁牧休牧制度以及草原生态建设项目提供理论基础，为政府的宏观决策提供科学依据。为了全面、及时、准确地获取草原和生态环境的动态信息，有必要建立完整的草原监测信息平台。在草原地区建立固定的监测站点，并对草原地区进行随机抽查，结合遥感、航拍、无人机等高新技术，实现对草原地区的实时监控和信息收集。在 GIS 技术的支撑下，建立生态环境风险监测体系和预警系统，加强对生态环境的监测和预测，降低生态环境恶化的风险。

第四，合理制定草原的利用模式。可以在草原植被质量监测的基础上，划定草原禁牧区和草畜平衡区，在草畜平衡区根据草原质量确定合理的放牧方式和数量。中国草原遭到严重破坏的根源是"公地悲剧"现象。20 世纪，中国草原地区的管理程度较低，尤其是生态环境脆弱、草地资源质量较差、草原面积较小的地区。草地资源作为公共资源可以随便使用，草原上的农户为了维持生计，不断增加牲畜养殖量来提高收入，导致草原遭到严重破坏。为了减少这种现象的出现，可对草原实行付费使用制度，首先对草地资源质量进行科学评估，其次根据草原的质量和性质进行分类、划分边界、确定放牧方式和时间、测算载畜数量等，最后根据草原的类型进行定价，农户和企业可依据自身的需求自愿付费使用某处草原。但草原类型划分必须依照法律，由具有法定资格的权威机构进行划分和定价，做到透明化、公平性和公正性。同时草原使用时必须严格根据草原质量和草原承载力进行合理放牧，若超出规定的牲畜数量和没有按照规定时间放牧，造成草原质量下降或植被退化，则根据《草原法》对使用者依法惩罚，甚至使其承担民事或刑事责任。

第五，帮助草原农户提高经济收入水平。沙漠化逆转区农户对生态政策的适应性归根到底是农户的收入受到政策实施的影响程度。生态政策的实施可能损害农户当前的经济利益，而收入较低的纯农户的草原依赖度较高，政策的实施切断了他们的主要生活来源，使其生活受到严重影响，出现了对生态政策的不适症状。因此，在生态政策制定和实施前，需要对当地农户进行深入调研，了解农户的收入水平和收入来源，为农户找到更加合适的生计方式或者合理的生态补偿水平，使生态政策的实施不会造成农户经济水平大幅下降。在未来生态政策调整时，需要对目前农户的生产和生活现状进行深入调研，制定合理的生态补偿标准，推动农户选择更好的生计方式，维持或提高农户经济收入水平。在制定合理政策的基础上，还可以从技术入手，开展人工草地实验，寻求草地生态功能最大化，并建立防止病虫害、培育优良牧草的机构，帮助农户减少生产资本的投入，增加经济收入。农户是小农经营，对市场信息了解比较滞后，有可能遭到市场竞争的排斥。因此，应积极为农户提供市场支持，为农户提供市场交易、政策等信息支持，这有助于农户及时掌握市场和政策动向，建立企业＋农户的畜牧业生产体系，将农户与企业利益相互联系起来，保护农户的利益。

第六，完善社会保障制度，增强农户的生态环境保护意识。社会保障制度的完善对沙漠化逆转区生态系统的恢复和社会经济系统的稳定具有重要意义，是农户转变生计方式的重要保障。因此，在生态政策实施的同时，要不断地完善社会保障制度，减少失地农户经济损失，将生态补偿制度和社会保障制度相结合，帮助农户完成生计方式的转型和经济收入水平的提高。不断完善城乡居民医疗和养老保障，加大扶贫和社会救济力度，保证农户在养老、贫困和疾病面前可以享受到完善的保障制度，做到"老有所依、病有所医"，切实保障农户的生活质量。同时，不断加强对教育事业的支持和资助，保证每个孩子都能顺利地入学接受教育，提高未来农户的受教育水平。草地沙漠化之前，农户生态环境保护意识比较薄弱，随着草原退化，风沙危害越来越严重。沙漠化治理使生态环境得到好转、农户生活质量有所提高、农户的生态环境保护意识有所增强。但由于生计问题和各种不公平现象的出现，加上教育水平普遍较低、农户安于现状等原因，农户对环境和生活缺乏长远规划意识，生态环境保护的意识仍然薄弱。在未来政策的实施过程中，在加强监督管理的同时，要着力提高农户生活水平和生活质量，提高农户整体的受教育水平，增强农户的生态环境保护意识，让农户切实感受到生态环境的治理和保护与经济收入和生活质量的提高和改善并不冲突，好的生态环境和合理的畜牧业发展反而能促进经济增收并提高农户生活质量，让生态环境保护意识扎根于农户的心中，使农户自觉保护、监督和管理生态环境。

# 第九章

# 结论与展望

## 第一节  主要研究结论

沙漠化不仅是重大的生态环境问题，也是社会经济可持续发展面临的一个非常严峻的问题。沙漠化治理不仅需要生态理论的指导，更需要社会和经济理论的配合。在沙漠化综合治理下，部分沙漠化土地的植被得到恢复，沙漠化局部出现逆转。沙漠化逆转是人类社会努力治沙的结果，因此沙漠化逆转区的管理非常重要，如何有效地管理沙漠化逆转区，保护治沙成果，防止沙漠化逆转区再次沙漠化，成为目前亟待解决的问题。本书通过对盐池县社会－生态系统的综合研究，分析了盐池县生态政策实施以来，当地社会－生态系统受干扰强度和空间分布以及未来受干扰的概率；通过对农户的深入调查，分析了农户对生态环境变化的感知、对生态政策的适应性以及采取的适应策略；综合盐池县生态、经济和社会各方面因素，评价

了盐池县社会－生态系统的恢复力状况，预测了 2016～2025
年该地区恢复和变化情况；根据盐池县生态补偿和社会保障制
度的评价，提出了盐池县社会－生态系统发展的模式与对策。

本书主要结论概括如下。

（1）研究区不同时间段内社会－生态系统的干扰值空间分
布差异较大。2000～2004 年强干扰（C6 与 C7）面积约 450km$^2$，
主要集中于盐池县南部，南部以山地为主，从 2000 年国家实
施退耕还林工程后，盐池县开始在南部山区实施退耕还林工
程，使南部山区社会－生态系统受到正向的干扰。2004～2008
年盐池县社会－生态系统受干扰面积进一步扩大，面积约为
680km$^2$，禁牧封育政策实施后，政策关注的焦点集中在北部和
中部的草地和荒漠区，使得该区域草地得到很好的恢复，因此
这个时期强干扰集中在北部和中部。2008～2012 年受干扰面积
减少，约为 435km$^2$，南部强干扰分别位于东、中、西三个小
区域，并没有集中于一个区域。2012～2015 年强干扰面积约为
780km$^2$，且主要集中于县域的东北方、中西部和西北部。这主
要是由于 2011 年开始实施的草原生态保护补助奖励机制，在
政策和利益的驱动下，使得当地的草原得到了很好的保护，荒
漠化区域植被得到很大程度的恢复。

（2）研究区不同时空尺度上社会－生态系统干扰强度和连
通度存在很大差异。2000～2004 年的社会－生态系统干扰强度
和连通度最大，盐池县作为沙漠化逆转区，社会－生态系统比
较脆弱，容易受到干扰，且正值退耕还林和全县禁牧政策实施
的初始阶段，对当地的生态环境影响较大，是生态环境的转折

点，沙漠化逆转效果明显。2004～2008 年、2008～2012 年和 2012～2015 年，随着生态政策继续实施，盐池县生态环境变化幅度逐渐减小，趋于一个稳定的状态，干扰强度和连通度较小。

（3）农户对生态政策的感知和适应能力存在差异。生态政策实施以来，对生态环境保护发挥了重要作用，取得了明显的生态效益，盐池县生态系统恢复明显，农户普遍认为生态政策使生态环境有很大的改善。由于农户生计方式和收入水平的差异，不同类型农户对生态政策的适应性感知差异较大。从农户生计方式看，纯农户、兼业户和非农户对生态政策的影响效应感知依次递减，对自我效能感知依次递增。从收入水平看，高收入农户对生态政策的影响效应、自我效能感知最为明显，低收入农户适应成本和适应预测感知指数最高。

（4）农户的生计方式和生计资本对生态政策适应的影响较大。农户的生计方式和生计资本不同，对政策的适应性感知也会有所差异，因此，会选择不同类型的适应策略来应对政策对自身造成的影响。纯农户和中低收入农户往往对当地生态系统依赖程度最高，受政策影响最大，对政策的感知最强。由于其生计方式单一，经济水平和受教育程度较低，面对生态政策的实施，他们很难转变其生计方式来适应政策的影响，因此，只能通过减少开支和节约成本等收缩型策略来维持生计。兼业户和高收入农户对政策的适应弹性会更大，他们的生计方式比较多样，在生态政策实施后，仍可以顺利转变自己的生计方式、调整自己的生计策略来适应生态政策。非农户对生态系统的依

142

赖程度较低，生态政策的实施对其生产和生活造成的影响并不大，他们只需略微地调整自己的生计方式就可以适应生态政策。

（5）农户自身拥有的生计资本数量和对生态政策的感知对农户选择适应策略有重要影响。农户对生态政策的适应成本、自我效能和农户拥有的人力资本、金融资本是影响农户适应策略类型选择的主要因素；农户对生态政策的环境效能、影响效应、适应成本、自我效能的感知和农户拥有的人力资本、金融资本以及农户属性是影响农户适应策略多样性的关键因素。

（6）农户的放牧行为受多种因素的影响。其中农户的草原依赖度对放牧行为具有正向显著作用，环境敏感度和补偿机制满意度对放牧行为具有负向显著作用，并且，草原依赖度对放牧行为的影响最大。草原依赖度和环境敏感度之间有显著的交互效应，草原依赖度与补偿机制满意度之间也有显著的交互效应。农户生计多样性在草原依赖度对放牧行为的作用过程中具有显著的调节效应，青壮年劳动力数量在草原依赖度对放牧行为的作用过程中具有显著的中介效应。

（7）国家在草原地区实施的生态政策对草原社会－生态系统恢复具有明显的效果。随着禁牧政策的实施，农业人口增长缓慢，羊只存栏数逐渐减少，草原产草量和植被覆盖率不断提高，农牧民收入稳定增长，社会－生态系统由积极反馈回路控制，根据"球盆理论"可知，盆地中的球在粗糙一面的坑里，内生的系统力量可以使其保持一个具有可抗衡能力的系统，系统由不稳定逐渐向稳定转变，草原社会－生态系统恢复力较强，对自然环境的冲击有较强的缓冲能力。

（8）综合研究区生态系统和社会系统各方面因素，在2016～2025年，随着补偿标准的提高，盐池县人口几乎不变，羊只存栏数下降的趋势不断增强，草原产草量和植被覆盖率曲线都呈缓慢上升的趋势，农牧民人均纯收入会有明显的增加，社会－生态系统恢复力将逐渐增强。综合草原社会－生态系统的主要指标发现，并不是补偿标准越高越有利于草原社会－生态系统的稳定，当前国家生态补偿标准比较合理。尽管目前农牧民人均纯收入没有50元/亩标准下的高，但是在现阶段的生态补偿标准下，农牧民的人均纯收入在2016～2025年增加速度较快，且草原产草量和植被覆盖率将达到最高，羊只存栏数也将达到最低。

## 第二节　不足与展望

沙漠化逆转区的管理关系到未来沙漠化治理成果的保护和沙漠化逆转区社会－生态系统的稳定。本书分析了沙漠化逆转区社会－生态系统的干扰情况，并对该区域农户的适应性进行了定量评价，综合分析了该地区社会－生态系统恢复力状况，得到了一些初步的结论和成果，可为沙漠化逆转区的管理提供科学依据。本书研究过程中还存在一些不足，今后的研究还应该重点考虑以下三个方面。

（1）在评价社会－生态系统恢复力时，基于数据的可得性以及专业研究方向的限制，本书选取指标时没有涉及更加详细的指标，在生态子系统方面只选取了草原产草量和植被覆盖率对生态系统进行评价，没有选择草原土壤特性、植被高度和生物量等指标。在今后的研究中，应该综合各指标体系，全面综合分析社会－生态系统恢复力。

（2）沙漠化逆转区社会－生态系统恢复力模型的建立有待完善，基于数据的可得性以及方法的限制，本书对模型的建立不够全面，只从草原社会－生态系统单方面建立模型，没有涉及城镇化以及外来因素的影响。在未来的研究中可以建立一个详细而全面的模型，从内部因素和外部因素全方位考虑社会－生态系统恢复力。

（3）草原社会－生态系统受干扰的空间分布及强度受到很多因素的影响，本书对影响盐池县社会－生态系统受干扰的因素进行了定性研究和分析。在未来的研究中，从自然环境、经济、社会和政策等方面定量分析影响社会－生态系统的因素是一个重要的研究方向。

# 参考文献

[1] 安祎玮、周立华、陈勇：《基于倾向得分匹配法分析生态政策对农户收入的影响——宁夏盐池县"退牧还草"案例研究》，《中国沙漠》2016 年第 3 期。

[2] 安祎玮、周立华、杨国靖等：《宁夏盐池县相对资源承载力》，《中国沙漠》2017 年第 2 期。

[3] 陈小红、段争虎、雒天峰等：《沙漠化逆转过程中不同粒组颗粒养分与全土养分的关系》，《干旱区研究》2013 年第 6 期。

[4] 陈小红、段争虎、谭明亮等：《沙漠化逆转过程中土壤颗粒分布及其养分含量的变化特征——以宁夏盐池县为例》，《土壤通报》2010 年第 6 期。

[5] 陈小红、段争虎、谭明亮等：《沙漠化逆转过程中土壤颗粒分形维数的变化特征——以宁夏盐池县为例》，《干旱区研究》2010 年第 2 期。

[6] 陈娅玲：《陕西秦岭地区旅游社会—生态系统脆弱性评价

及适应性管理对策研究》，西北大学博士学位论文，
2013 年。

［7］ 陈娅玲、杨新军：《旅游社会－生态系统及其恢复力研究》，《干旱区资源与环境》2011 年第 11 期。

［8］ 陈勇、周立华、张秀娟等：《禁牧政策的生态经济效益——以盐池县为例》，《草业科学》2013 年第 2 期。

［9］ 陈育宁：《鄂尔多斯地区沙漠化的形成和发展述论》，《中国社会科学》1986 年第 2 期。

［10］ 褚力其、姜志德、王建浩：《牧民草畜平衡维护的影响机制研究：认知局限与情感依赖》，《中国农村经济》2020 年第 6 期。

［11］ 崔胜辉、李旋旗、李扬等：《全球变化背景下的适应性研究综述》，《地理科学进展》2011 年第 9 期。

［12］ 崔旺诚：《沙漠化逆转过程的耗散理论应用》，《干旱区地理》2003 年第 2 期。

［13］ 邓朝平、郭铌、王介民等：《近 20 余年来西北地区植被变化特征分析》，《冰川冻土》2006 年第 5 期。

［14］ 丁文强、侯向阳、董海宾：《草原补奖政策对牧户减畜行为的影响——以内蒙古为例》，《干旱区资源与环境》2020 年第 10 期。

［15］ 董光荣、李保生、高尚玉等：《鄂尔多斯高原的第四纪古风成沙》，《理学报》1983 年第 4 期。

［16］ 董光荣、李保生、高尚玉：《由萨拉乌苏河地层看晚更新世以来毛乌素沙漠的变迁》，《中国沙漠》1983 年第

2 期。

［17］董光荣、申建友、金炯等：《气候变化与沙漠化关系的研究》，《干旱区资源与环境》1988 年第 1 期。

［18］董光荣、苏志珠、靳鹤龄：《晚更新世萨拉乌苏组时代的新认识》，《科学通报》1998 年第 17 期。

［19］杜灵通、李国旗：《基于 SPOT－VGT 的宁夏盐池县近 8 年生态环境动态监测》，《北京林业大学学报》2008 年第 5 期。

［20］樊胜岳、徐建华：《水土流失和沙漠化系统中的人文作用定量分析的通用数学模型初探》，《地理科学》1992 年第 4 期。

［21］范月君、侯向阳、石红霄等：《气候变暖对草地生态系统碳循环的影响》，《草业学报》2012 年第 3 期。

［22］方一平、秦大河、丁永建：《气候变化适应性研究综述——现状与趋向》，《干旱区研究》2009 年第 3 期。

［23］冯季昌、姜杰：《论科尔沁沙地的历史变迁》，《中国历史地理论丛》1996 年第 4 期。

［24］冯剑丰、谭建国、陈威等：《随机干扰下湖泊生态系统的稳定性与稳态转换》，《海洋技术》2010 年第 2 期。

［25］冯晓龙、刘明月、仇焕广：《草原生态补奖政策能抑制牧户超载过牧行为吗？——基于社会资本调节效应的分析》，《中国人口·资源与环境》2019 年第 7 期。

［26］高桂莲、高桂英、马伟：《西部大开发中的退耕还林还草》，《西北第二民族学院学报》（哲学社会科学版）

2006 年第 2 期。

［27］高雅、林慧龙：《草业经济在国民经济中的地位、现状及其发展建议》，《草业学报》2015 年第 1 期。

［28］葛全胜、陈泮勤、方修琦等：《全球变化的区域适应研究：挑战与研究对策》，《地球科学进展》2004 年第 4 期。

［29］侯彩霞、赵雪雁、文岩等：《农户生活消费对环境影响的空间差异及其原因——基于张掖市 2010 年调查数据》，《生态学报》2015 年第 6 期。

［30］侯彩霞、周立华、文岩等：《社会－生态系统视角下农户对禁牧政策的适应性——以宁夏盐池县为例》，《中国沙漠》2018 年第 4 期。

［31］侯彩霞、周立华、文岩等：《社会－生态系统视角下沙漠化逆转定量评价——以宁夏盐池县为例》，《生态学报》2017 年第 18 期。

［32］侯向阳：《发展草原生态畜牧业是解决草原退化困境的有效途径》，《中国草地学报》2010 年第 4 期。

［33］侯向阳、尹燕亭、丁勇：《中国草原适应性管理研究现状与展望》，《草业学报》2011 年第 2 期。

［34］胡振通、靳乐山：《草原生态补偿中的禁牧问题研究：基于四个旗县的比较分析》，《农村经济》2015 年第 11 期。

［35］胡智育：《科尔沁南部草原沙漠化的演变过程及其整治途径》，《中国草原》1984 年第 2 期。

［36］ 黄涛、李维薇、张英俊：《草原生态保护与牧民持续增收之辩》，《草业科学》2010 年第 9 期。

［37］ 黄文广：《基于 NDVI 的宁夏盐池县的植被盖度动态变化及其影响因素的研究》，西北农林科技大学硕士学位论文，2012 年。

［38］ 贾幼陵：《草原退化原因分析和草原保护长效机制的建立》，《中国草地学报》2011 年第 2 期。

［39］ 姜钰、贺雪涛：《基于系统动力学的林下经济可持续发展战略仿真分析》，《中国软科学》2014 年第 1 期。

［40］ 靳虎甲、王继和、李毅等：《腾格里沙漠南缘沙漠化逆转过程中的土壤化学性质变化特征》，《水土保持学报》2008 年第 5 期。

［41］ 李金香、龚晓德、李丽婷：《退耕还林与禁牧的生态、经济和社会效果评价——来自宁夏盐池县的调查》，《农业科学研究》2012 年第 4 期。

［42］ 李卫兵、陈妹：《收入对居民环境意识的影响：绝对水平和相对地位》，《当代财经》2017 年第 1 期。

［43］ 李文卿、胡自治、龙瑞军等：《甘肃省退牧还草工程实施绩效、存在问题和对策》，《草业科学》2007 年第 1 期。

［44］ 刘承良、颜琪、罗静：《武汉城市圈经济资源环境耦合的系统动力学模拟》，《地理研究》2013 年第 5 期。

［45］ 刘建：《宁夏盐池县沙化草地植被变化及围封措施效果研究》，北京林业大学硕士学位论文，2011 年。

［46］ 刘婧、方伟华、葛怡等：《区域水灾恢复力及水灾风险

管理研究——以湖南省洞庭湖区为例》，《自然灾害学报》2006 年第 6 期。

［47］陆大道、郭来喜：《地理学的研究核心——人地关系地域系统——论吴传钧院士的地理学思想与学术贡献》，《地理学报》1998 年第 2 期。

［48］路慧玲、周立华、陈勇等：《基于农户视角的盐池县退牧还草政策可持续性分析》，《中国沙漠》2015 年第 4 期。

［49］吕世海、卢欣石、金维林：《呼伦贝尔草地风蚀沙漠化演变及其逆转研究》，《干旱区资源与环境》2005 年第 3 期。

［50］罗媛月、张会萍、肖人瑞：《草原生态补奖实现生态保护与农户增收双赢了吗？——来自农牧交错带的证据》，《农村经济》2020 年第 2 期。

［51］马兵、周立华、路慧玲等：《基于意愿价值评估法的禁牧政策生态补偿定量分析——以宁夏盐池县为例》，《中国沙漠》2015 年第 3 期。

［52］马定渭、邹冬生、戴思慧等：《中国生态问题与退耕还林还草》，《湖南农业大学学报》（社会科学版）2006 年第 1 期。

［53］马莉娅、吴斌、张宇清等：《基于生态足迹的宁夏盐池县生态安全评价》，《干旱区资源与环境》2011 年第 5 期。

［54］马明德、谢应忠、米文宝等：《宁夏东部风沙区土地利用/覆盖变化及其生态效应研究——以宁夏回族自治区盐池县为例》，《干旱区资源与环境》2014 年第 4 期。

［55］马全林、鱼泳、陈芳等：《干旱区沙漠化逆转过程土壤水

分的空间异质性特征》，《干旱区地理》2010 年第 5 期。

[56] 马全林、张德魁、刘有军等：《石羊河中游沙漠化逆转过程土壤种子库的动态变化》，《生态学报》2011 年第 4 期。

[57] 马世骏、王如松：《社会－经济－自然复合生态系统》，《生态学报》1984 年第 1 期。

[58] 马永欢、周立华、樊胜岳等：《中国土地沙漠化的逆转与生态治理政策的战略转变》，《中国软科学》2006 年第 6 期。

[59] 马月存、高旺盛、陈源泉等：《武川县全面禁牧生态政策实施效果的调查》，《生态学杂志》2007 年第 1 期。

[60] 宁宝英、何元庆：《农户过度放牧行为产生原因分析——来自黑河流域肃南县的农户调查》，《经济地理》2006 年第 1 期。

[61] 欧阳斌、袁正、陈静思：《我国城市居民环境意识、环保行为测量及影响因素分析》，《经济地理》2015 年第 11 期。

[62] 潘丽丽、王晓宇：《基于主观心理视角的游客环境行为意愿影响因素研究——以西溪国家湿地公园为例》，《地理科学》2018 年第 8 期。

[63] 彭乾、邵超峰、鞠美庭：《基于 PSR 模型和系统动力学的城市环境绩效动态评估研究》，《地理与地理信息科学》2016 年第 3 期。

[64] 乔锋、张克斌、张生英等：《农牧交错区植被覆盖度动态变化遥感监测——以宁夏盐池为例》，《干旱区研究》2006 年第 2 期。

［65］ 邵爱英：《三北防护林的经营现状及发展对策》，《林业资源管理》1996 年第 6 期。

［66］ 沈苏彦：《基于旅游社会－生态系统弹性测算的旅游开发研究——以苏州为例》，《生态经济》2014 年第 5 期。

［67］ 石玉琼、郑亚云、李团胜：《榆林地区 2000—2014 年 NDVI 时空变化》，《生态学杂志》2018 年第 1 期。

［68］ 史恒通、王铮钰、阎亮：《生态认知对农户退耕还林行为的影响——基于计划行为理论与多群组结构方程模型》，《中国土地科学》2019 年第 3 期。

［69］ 史培军：《谈鄂尔多斯高原的环境演变》，《遥感信息》1992 年第 3 期。

［70］ 史培军、汪明、胡小兵等：《社会－生态系统综合风险防范的凝聚力模式》，《地理学报》2014 年第 6 期。

［71］ 苏芳、蒲欣冬、徐中民等：《生计资本与生计策略关系研究——以张掖市甘州区为例》，《中国人口·资源与环境》2009 年第 6 期。

［72］ 苏芳、宋妮妮、马静等：《生态脆弱区居民环境意识的影响因素研究——以甘肃省为例》，《干旱区资源与环境》2020 年第 5 期。

［73］ 苏志珠、董光荣：《中国土地沙漠化研究现状及问题讨论》，《水土保持研究》2002 年第 3 期。

［74］ 孙晶：《社会－生态系统恢复力研究综述》，《生态学报》2007 年第 12 期。

［75］ 王冠琪：《2003－2013 年宁夏盐池沙化草地生态恢复研

究》，北京林业大学硕士学位论文，2014年。

[76] 王海春、高博、祁晓慧等：《草原生态保护补助奖励机制对牧户减畜行为影响的实证分析——基于内蒙古260户牧户的调查》，《农业经济问题》2017年第12期。

[77] 王建明：《环境情感的维度结构及其对消费碳减排行为的影响——情感—行为的双因素理论假说及其验证》，《管理世界》2015年第12期。

[78] 王建明：《资源节约意识对资源节约行为的影响——中国文化背景下一个交互效应和调节效应模型》，《管理世界》2013年第8期。

[79] 王静、郭铌、蔡迪花等：《玛曲县草地退牧还草工程效果评价》，《生态学报》2009年第3期。

[80] 王俊、孙晶、杨新军等：《基于NDVI的社会－生态系统多尺度干扰分析——以甘肃省榆中县为例》，《生态学报》2009年第3期。

[81] 王俊、杨新军、刘文兆：《半干旱区社会－生态系统干旱恢复力的定量化研究》，《地理科学进展》2010年第11期。

[82] 王俊、张向龙、杨新军等：《半干旱区社会－生态系统未来情景分析——以甘肃省榆中县北部山区为例》，《生态学杂志》2009年第6期。

[83] 王磊、陶燕格、宋乃平等：《禁牧政策影响下农户行为的经济学分析——以宁夏回族自治区盐池县为例》，《农村经济》2010年第12期。

[84] 王琦妍：《社会－生态系统概念性框架研究综述》，《中

国人口·资源与环境》2011 年第 S1 期。

[85] 王群、陆林、杨兴柱：《国外旅游地社会－生态系统恢复力研究进展与启示》，《自然资源学报》2014 年第 5 期。

[86] 王群、陆林、杨兴柱：《旅游地社会－生态子系统恢复力比较分析——以浙江省淳安县为例》，《旅游学刊》2016 年第 2 期。

[87] 王群、陆林、杨兴柱：《千岛湖社会—生态系统恢复力测度与影响机理》，《地理学报》2015 年第 5 期。

[88] 王如松、欧阳志云：《社会－经济－自然复合生态系统与可持续发展》，《中国科学院院刊》2012 年第 3 期。

[89] 王涛、陈广庭、赵哈林等：《中国北方沙漠化过程及其防治研究的新进展》，《中国沙漠》2006 年第 4 期。

[90] 王涛：《沙漠化研究进展》，《中国科学院院刊》2009 年第 3 期。

[91] 王涛、宋翔、颜长珍等：《近 35a 来中国北方土地沙漠化趋势的遥感分析》，《中国沙漠》2011 年第 6 期。

[92] 王涛、吴薇、薛娴等：《近 50 年来中国北方沙漠化土地的时空变化》，《地理学报》2004 年第 2 期。

[93] 王涛、朱震达：《我国沙漠化研究的若干问题——1. 沙漠化的概念及其内涵》，《中国沙漠》2003 年第 3 期。

[94] 王晓君、周立华、石敏俊：《农牧交错带沙漠化逆转区禁牧政策下农村经济可持续发展研究——以宁夏盐池县为例》，《资源科学》2014 年第 10 期。

[95] 王娅、周立华、陈勇等：《农户生计资本与沙漠化逆转

趋势的关系——以宁夏盐池县为例》，《生态学报》2017
年第 6 期。

[96] 王娅、周立华：《宁夏盐池县沙漠化逆转过程的脆弱性
诊断》，《中国沙漠》2018 年第 1 期。

[97] 王娅、周立华、魏轩：《基于社会—生态系统的沙漠化
逆转过程脆弱性评价指标体系》，《生态学报》2018 年第
3 期。

[98] 王耀远：《宁夏盐池县毛乌素沙地植被恢复和生态构建
技术》，《北京农业》2012 年第 21 期。

[99] 韦丽军、卞莹莹、宋乃平：《宁夏盐池县草场退化因素
分析》，《水土保持通报》2007 年第 1 期。

[100] 魏琦、侯向阳：《建立中国草原生态补偿长效机制的思
考》，《中国农业科学》2015 年第 18 期。

[101] 吴波、李晓松、刘文等：《京津风沙源工程区沙漠化防
治区划与治理对策研究》，《林业科学》2006 年第
10 期。

[102] 吴传钧：《论地理学的研究核心——人地关系地域系
统》，《经济地理》1991 年第 3 期。

[103] 吴循、周青：《气候变暖对陆地生态系统的影响》，《中
国生态农业学报》2008 年第 1 期。

[104] 吴正：《浅议我国北方地区的沙漠化问题》，《地理学
报》1991 年第 3 期。

[105] 谢先雄、李晓平、赵敏娟等：《资本禀赋如何影响牧民
减畜——基于内蒙古 372 户牧民的实证考察》，《资源

科学》2018 年第 9 期。

［106］ 谢先雄、赵敏娟、蔡瑜：《生计资本对牧民减畜意愿的
影响分析——基于内蒙古 372 户牧民的微观实证》，
《干旱区资源与环境》2019 年第 6 期。

［107］ 熊长江、姚娟、赵向豪：《资本禀赋何以影响牧民的退
牧受偿意愿？——基于天山天池世界自然遗产地牧民的
考察》，《农村经济》2019 年第 9 期。

［108］ 徐丽恒、王继和、李毅等：《腾格里沙漠南缘沙漠化逆
转过程中的土壤物理性质变化特征》，《中国沙漠》
2008 年第 4 期。

［109］ 徐升华、吴丹：《基于系统动力学的鄱阳湖生态产业集
群"产业－经济－资源"系统模拟分析》，《资源科学》
2016 年第 5 期。

［110］ 许端阳、李春蕾、庄大方等：《气候变化和人类活动在
沙漠化过程中相对作用评价综述》，《地理学报》2011
年第 1 期。

［111］ 杨春、朱增勇、孙小舒：《中国草原生态保护补助奖励
政策研究综述》，《世界农业》2019 年第 11 期。

［112］ 杨根生、刘阳宣、史培军：《有关沙漠化几个问题的探
讨》，《干旱区研究》1986 年第 4 期。

［113］ 杨新军、张慧、王子侨：《基于情景分析的西北农村社
会－生态系统脆弱性研究——以榆中县中连川乡为
例》，《地理科学》2015 年第 8 期。

［114］ 杨永梅、郭志林、杨改河：《关于沙漠化概念的意见分

歧及其成因浅析》，《中国农学通报》2010 年第 23 期。

[115] 姚向荣：《中德合作三北防护林工程监测管理信息系统的建立和应用》，《防护林科技》2000 年第 3 期。

[116] 叶笃正、符淙斌、季劲钧等：《有序人类活动与生存环境》，《地球科学进展》2001 年第 4 期。

[117] 于丽政：《宁夏三北防护林综合评价与分析研究》，西北农林科技大学硕士学位论文，2008 年。

[118] 余中元、李波、张新时：《社会－生态系统及脆弱性驱动机制分析》，《生态学报》2014 年第 7 期。

[119] 岳淑芳、邸利、窦学诚等：《退耕还林还草是西北地区生态安全格局构建的主要途径》，《草业科学》2005 年第 6 期。

[120] 曾丽君、隋映辉、申玉三：《科技产业与资源型城市可持续协同发展的系统动力学研究》，《中国人口·资源与环境》2014 年第 10 期。

[121] 张殿发、卞建民：《中国北方农牧交错区土地荒漠化的环境脆弱性机制分析》，《干旱区地理》2000 年第 2 期。

[122] 张海燕、樊江文、邵全琴等：《2000－2010 年中国退牧还草工程区生态系统宏观结构和质量及其动态变化》，《草业学报》2016 年第 4 期。

[123] 张鹤、宝音陶格涛：《内蒙古阿拉善盟退牧还草工程效益评价》，《中国草地学报》2010 年第 4 期。

[124] 张俊荣、王孜丹、汤铃等：《基于系统动力学的京津冀碳排放交易政策影响研究》，《中国管理科学》2016 年

第 3 期。

［125］张克斌、李瑞、夏照华等：《宁夏盐池植被盖度变化及影响因子》，《中国水土保持科学》2006 年第 6 期。

［126］张克斌、王锦林、侯瑞萍等：《我国农牧交错区土地退化研究——以宁夏盐池县为例》，《中国水土保持科学》2003 年第 1 期。

［127］张向龙：《半干旱区社会—生态系统动态演化机制研究——以榆中县北部山区为例》，西北大学硕士学位论文，2009 年。

［128］张向龙、杨新军、王俊等：《基于恢复力定量测度的社会－生态系统适应性循环研究——以榆中县北部山区为例》，《西北大学学报》（自然科学版）2013 年第 6 期。

［129］张秀娟、周立华、陈勇：《沙漠化逆转生态经济效益的非市场价值评估——以宁夏盐池县为例》，《中国沙漠》2013 年第 1 期。

［130］张瑶、徐涛、赵敏娟：《生态认知、生计资本与牧民草原保护意愿——基于结构方程模型的实证分析》，《干旱区资源与环境》2019 年第 4 期。

［131］赵成章、贾亮红：《退牧还草工程综合效益评价指标体系及实证研究》，《中国草地学报》2008 年第 4 期。

［132］赵哈林、赵学勇、张铜会：《我国北方农牧交错带沙漠化的成因、过程和防治对策》，《中国沙漠》2000 年第 S1 期。

［133］赵哈林、赵学勇、张铜会等：《我国西北干旱区的荒漠

化过程及其空间分异规律》，《中国沙漠》2011 年第
1 期。

［134］赵雪雁：《农户对气候变化的感知与适应研究综述》，
《应用生态学报》2014 年第 8 期。

［135］赵雪雁：《生计方式对农户生活能源消费模式的影响——
以甘南高原为例》，《生态学报》2015 年第 5 期。

［136］赵雪雁、薛冰：《旱区内陆河流域农户对水资源紧缺的
感知及适应——以石羊河中下游为例》，《地理科学》
2015 年第 12 期。

［137］赵玉洁、张宇清、吴斌等：《农牧民对禁牧政策的意愿
及其影响因素分析》，《水土保持通报》2012 年第 4 期。

［138］郑殿元、黄晓军、王晨：《陕北黄土高原农户生计恢复
力评价及优化策略研究——以延川县为例》，《干旱区
资源与环境》2020 年第 9 期。

［139］周广胜、许振柱、王玉辉：《全球变化的生态系统适应
性》，《地球科学进展》2004 年第 4 期。

［140］周立华、朱艳玲、黄玉邦：《禁牧政策对北方农牧交错
区草地沙漠化逆转过程影响的定量评价》，《中国沙漠》
2012 年第 2 期。

［141］周升强、赵凯：《草原生态补奖政策对农牧户减畜行为
的影响——基于非农牧就业调解效应的分析》，《农业
经济问题》2019 年第 11 期。

［142］周升强、赵凯：《草原生态补奖政策对农牧民牲畜养殖
规模的影响——基于生计分化的调节效应分析》，《中

国人口·资源与环境》2020 年第 4 期。

[143] 周晓芳:《从恢复力到社会 - 生态系统——国外研究对
我国地理学的启示》,《世界地理研究》2017 年第 4 期。

[144] 周晓芳:《社会 - 生态系统恢复力的测量方法综述》,
《生态学报》2017 年第 12 期。

[145] 朱士光:《内蒙城川地区湖泊的古今变迁及其与农垦之
关系》,《农业考古》1982 年第 1 期。

[146] 朱震达、王涛:《中国沙漠化研究的理论与实践》,《第
四纪研究》1992 年第 2 期。

[147] 朱震达:《中国沙漠化研究的进展》,《中国沙漠》1989
年第 1 期。

[148] 朱震达:《中国土地荒漠化的概念、成因与防治》,《第
四纪研究》1998 年第 2 期。

[149] Abahussain, A. A., Abdu, A. S., Al-zubari, W. K. et al.,
"Desertification in the Arab Region: Analysis of Current Status
and Trends", *Journal of Arid Environments* 51 (4), 2002,
pp. 521 – 545.

[150] Adger, W. N., "Social and Ecological Resilience: Are they
Related?", *Progress in Human Geography* 24 (3), 2000,
pp. 347 – 364.

[151] Ajzen, I., Madden, T. J., "Prediction of Goal-directed Be-
havior: Attitudes, Intentions, and Perceived Behavioral Con-
trol", *Journal of Experimental Social Psychology* 22 (5),
1986, pp. 0 – 474.

[152] Allison, H. E. , Hobbs, R. J. , "Resilience, Adaptive Capacity, and the 'Lock-in Trap' of the Western Australian Agricultural Region", *Ecology and Society* 9 (2004), 2004, p. 3.

[153] Anaya-garduão, M. , "Technology and Desertification", *Economic Geography* 53 (4), 1977, pp. 407 – 412.

[154] Armitage, D. R. , "Traditional Agroecological Knowledge, Adaptive Management and the Socio-politics of Conservation in Central Sulawesi, Indonesia", *Environmental Conservation* 30 (1), 2003, pp. 79 – 90.

[155] Arrow, K. , Bolin, B. , Costanza, R. et al. , "Economic Growth, Carrying Capacity, and the Environment", *Science* 268 (5210), 1995, p. 520.

[156] Arslan, T. , Yilmaz, V. , Aksoy, H. K. , "Structural Equation Model for Environmentally Conscious Purchasing Behavior", *International Journal of Environmental Research* 6 (1), 2012, pp. 323 – 334.

[157] Aslani, A. , Helo, P. , Naaranoja, M. , "Role of Renewable Energy Policies in Energy Dependency in Finland: System Dynamics Approach", *Applied Energy* 113 (6), 2014, pp. 758 – 765.

[158] Babaev, A. G. , *Desert Problems and Desertification in Central Asia: The Researches of the Desert Institute* (New York, NY, US: Springer, 1999) .

［159］ Bennett, E. M. , Cumming, G. S. , Peterson, G. , "A Systems Model Approach to Determining Resilience Surrogates for Case Studies", *Ecosystems* 8 (8), 2005, pp. 945 – 957.

［160］ Berkes, F. , Colding, J. , Folke, C. , "Navigating Social-ecological Systems: Building Resilience for Complexity and Change", *Ecology & Society* 9 (1), 2003, pp. 148 – 156.

［161］ Berkes, F. , Colding, J. , Folke, C. , "Rediscovery of Traditional Ecological Knowledge as Adaptive Management", *Ecological Applications* 10 (5), 2000, pp. 1251 – 1262.

［162］ Berkes, F. , Seixas, C. S. , "Building Resilience in Lagoon Social-ecological Systems: A Local-level Perspective", *Ecosystems* 8 (8), 2005, pp. 967 – 974.

［163］ Best, H. , Kneip, T. , "The Impact of Attitudes and Behavioral Costs on Environmental Behavior: A Natural Experiment on Household Waste Recycling", *Social Science Research* 40 (3), 2011, pp. 917 – 930.

［164］ Bueno, N. P. , "A Practical Procedure for Assessing Resilience of Social-ecological System Using the System Dynamics Approach", *Journal of Systemics Cybernetics & Informatics* 7 (6), 2009, pp. 67 – 71.

［165］ Carpenter, S. , Walker, B. , Anderies, J. M. et al. , "From Metaphor to Measurement: Resilience of What to What?", *Ecosystems* 4 (8), 2001, pp. 765 – 781.

[166] Collins, R. D. , Neufville, R. D. , Claro, J. et al. , "Forest Fire Management to Avoid Unintended Consequences: A Case Study of Portugal Using System Dynamics", *Journal of Environmental Management* 130 (1), 2013, p. 1.

[167] Costanza, R. , Ruth, M. , "Using Dynamic Modeling to Scope Environmental Problems and Build Consensus", *Environmental Management* 22 (2), 1998, pp. 183 – 195.

[168] Cumming, G. S. , Barnes, G. , Perz, S. et al. , "An Exploratory Framework for the Empirical Measurement of Resilience", *Ecosystems* 8 (8), 2005, pp. 975 – 987.

[169] Demsetz, H. , "Toward A Theory of Property Rights", *American Economic Review* 57 (2), 1967, pp. 347 – 359.

[170] Dietz, T. , Ostrom, E. , Stern, P. C. , "The Struggle to Govern the Commons. Science", *Science* 302 (5652), 2004, pp. 1907 – 1912.

[171] Dodorico, P. , Bhattachan, A. , Davis, K. F. et al. , "Global Desertification: Drivers and Feedbacks", *Advances in Water Resources* 51 (1), 2013, pp. 326 – 344.

[172] Dregne, H. E. , "Desertification of Arid land", *Economic Geography* 53 (4), 1977, pp. 322 – 331.

[173] Eriksen, S. , "Sustainable Adaptation: Emphasising Local and Global Equity and Environmental Integrity", *IHDP Update* (2), 2009, pp. 40 – 44.

[174] Field, B. C. , "The Evolution of Individual Property Rights

in Massachusetts Agriculture, 17th – 19th Centuries",
*Northeastern Journal of Agricultural & Resource Economics*
14 (2), 1985, pp. 421 – 429.

[175] Folke, C., Carpenter, S., Elmqvist, T. et al., "Resil-
ience and Sustainable Development: Building Adaptive Ca-
pacity in A World of Transformations", *Ambio* 31 (5),
2002, p. 437.

[176] Folke, C., Carpenter, S., Walker, B. et al., "Regime
Shifts, Resilience, and Biodiversity in Ecosystem Manage-
ment", *Annual Review of Ecology Evolution & Systematics*
35 (1), 2004, pp. 557 – 581.

[177] Folke, C., "Resilience: The Emergence of a Perspective
for Social-ecological Systems Analyses", *Global Environ-
mental Change* 16 (3), 2006, pp. 253 – 267.

[178] Folke, C., "Traditional Knowledge in Social-ecological Sys-
tems", *Ecology & Society* 9 (3), 2004.

[179] Ford, D. N., "A Behavioral Approach to Feedback Loop
Dominance Analysis", *System Dynamics Review* 15 (1),
1999, p. 3.

[180] Forrester, J. W., "System Dynamics—The Next Fifty Years",
*System Dynamics Review* 23 (2), 2007, p. 359.

[181] Futuyma, D. J., "Evolutionary Biology", *Sinauer Associ-
ates*, 1979.

[182] Gandure, S., Walker, S., Botha, J. J., "Farmers' Perce

ptions of Adaptation to Climate Change and Water Stress in a South African Rural Community", *Environmental Development* 5 (1), 2013, pp. 39 - 53.

[183] Glaser, M., Diele, K., "Asymmetric Outcomes: Assessing Central Aspects of the Biological, Economic and Social Sustainability of a Mangrove Crab Fishery, Ucides Cordatus (Ocypodidae), in North Brazil", *Ecological Economics* 49 (3), 2004, pp. 361 - 373.

[184] Grothmann, T., Patt, A., "Adaptive Capacity and Human Cognition: The Process of Individual Adaptation to Climate Change", *Global Environmental Change* 15 (3), 2005, pp. 199 - 213.

[185] Guagnano, G. A., Stern, P. C., Dietz, T., "Influences of Attitude-behavior Relationships: A Natural Experiment with Curbside Recycling", *Environment and Behavior* 27 (5), 1995, pp. 699 - 718.

[186] Gunderson, L. H., "Ecological Resilience—in Theory and Application", *Annual Review of Ecology & Systematics* 31 (31), 2000, pp. 425 - 439.

[187] Gunderson, L. H., Holling, C. S. et al., "Understanding Transformations in Human and Natural Systems", *Ecological Economics* 49 (4), 2004, pp. 488 - 491.

[188] Hardin, G., "Political Requirements for Preserving our Common Heritage", *Washington DC: Council on Environmental*

Quality, 1978, pp. 310 –317.

[189] Hardin, G. , "The Tragedy of The Commons", *Science* 162 (5364), 1968, pp. 1234 – 1243.

[190] Holben, B. , "Characteristics of Maximum-value Composite Images from Temporal Avhrr Data", *International Journal of Remote Sensing* 7 (11), 1986, pp. 1417 – 1434.

[191] Holling, C. S. , "Adaptive Environmental Assessment and Management", *Fire Safety Journal* 42 (1), 2007, pp. 11 – 24.

[192] Holling, C. S. , "Engineering Resilience Versus Ecological Resilience", *Engineering within Ecological Constraints*, 1996, pp. 8 – 25.

[193] Holling, C. S. , "The Resilience of Terrestrial Ecosystems: Local Surprise and Global Change", *Sustainable Development of the Biosphere*, 1986, pp. 2659 – 3654.

[194] Holling, C. S. , "Understanding the Complexity of Economic, Ecological, and Social Systems", *Ecosystems* 4 (5), 2001, pp. 390 – 405.

[195] Hou, C. , Fu, H. , Liu, X. et al. , "The Effect of Recycled Water Information Disclosure on Public Acceptance of Recycled Water-evidence from Residents of Xi'an, China", *Sustainable Cities and Society* 61, 2020.

[196] Houerou, L. , "Science Power and Desertification", *Meeting on Desertification*, Dept. Geogr. Univ Cambridge, 1975.

［197］ Jasanoff, S. , Colwell, R. , Dresselhaus, M. S. et al. , "Conversations with the Community: AAAS at the Millennium", *Science* 278 (5346), 1997, pp. 2066 – 2067.

［198］ Kassas, M. , "Arid and Semi-arid Lands: Problems and Prospects", *Agro-ecosystems* 3 (76), 1976, pp. 185 – 204.

［199］ Kovda, V. A. , "Land Aridization and Drought Control", *Land Aridization & Drought Control* 8 (4), 1980, pp. 337 – 338.

［200］ Kuruppu, N. , Liverman, D. , "Mental Preparation for Climate Adaptation: The Role of Cognition and Culture in Enhancing Adaptive Capacity of Water Management in Kiribati", *Global Environmental Change* 21 (2), 2011, pp. 657 – 669.

［201］ Lehouerou, H. N. , "Rain-use Efficiency: A Unifying Concept in Arid-land Ecology", *Journal of Arid Environments* 7 (3), 1984, pp. 213 – 247.

［202］ Liu, N. , Zhou, L. H. , Hauger, J. S. , "How Sustainable is Government-sponsored Desertification Rehabilitation in China? Behavior of Households to Changes in Environmental Policies", *Plos One* 8 (10), 2013.

［203］ Lu, H. , Zhou, L. , Chen, Y. et al. , "Adaptive Strategy of Peasant Households and its Influencing Factors Under the Grazing Prohibition Policy in Yanchi County, Ningxia Hui Autonomous Region", *Acta Ecologica Sinica* 36 (17), 2016, pp. 5601 – 5610.

[204] Macmillan, A., Connor, J., Witten, K. et al., "The Societal Costs and Benefits of Commuter Bicycling: Simulating the Effects of Specific Policies Using System Dynamics Modeling", *Environmental Health Perspectives* 122 (4), 2014, pp. 44 – 335.

[205] Malanson, G. P., "Considering Complexity", *Annals of the Association of American Geographers* 89 (4), 1999, pp. 746 – 753.

[206] Mclaughlin, P., Dietz, T., "Structure, Agency and Environment: Toward an Integrated Perspective on Vulnerability", *Global Environmental Change* 18 (1), 2008, pp. 99 – 111.

[207] Mertz, O., Mbow, C., Reenberg, A. et al., "Farmers' Perceptions of Climate Change and Agricultural Adaptation Strategies in Rural Sahel", *Environmental Management* 43 (5), 2009, pp. 804 – 816.

[208] Milestad, R., Hadatsch, S. K., "Organic Farming and Social-ecological Resilience: The Alpine Valleys of Slktler, Austria", *Conservation Ecology* 8, 2003.

[209] Olsson, P., Folke, C., Berkes, F., "Adaptive Comanagement for Building Resilience in Social-ecological Systems", *Environmental Management* 34 (1), 2004, p. 75.

[210] Ophuls, W., "Leviathan or Oblivion? In Toward a Steady State Economy", *San Francisco*, 1973, pp. 215 – 230.

[211] Ostrom, E. , "A Diagnostic Approach for Going Beyond Panaceas", *Proceedings of the National Academy of Science* 104 (39), 2007, pp. 15181 - 15187.

[212] Ostrom, E. , "A General Framework for Analyzing Sustainability of Social-ecological Systems", *Science* 325 (5939), 2009, pp. 419 - 422.

[213] Ostrom, E. , *Understanding Institutional Diversity* (Princeton, NJ, US: Princeton University Press, 2009).

[214] Petraitis, P. S. , Latham, R. E. , Niesenbaum, R. A. , "The Maintenance of Species Diversity by Disturbance", *Quarterly Review of Biology* 64 (4), 1989, pp. 393 - 418.

[215] Pimm, S. L. , "The Complexity and Stability of Ecosystems", *Nature* 307 (5949), 1984, pp. 321 - 326.

[216] Plan, D. A. , "Status of Desertification and Implementation of the United Nations Plan of Action to Combat Desertification", *Report of the Executive Director*, 1992.

[217] Portnov, B. A. , Safriel, U. N. , "Combating Desertification in the Negev: Dryland Agriculture vs. Dryland Urbanization", *Journal of Arid Environments* 56 (4), 2004, pp. 659 - 680.

[218] Richardson, G. P. , Pugh, A. L. , "Introduction to System Dynamics Modeling with Dynamo", *Journal of the Operational Research Society* 48 (11), 1997, pp. 1146 - 1146.

[219] Riitters, K. , Wickham, J. , O'neill, R. et al. , "Glob-

al-scale Patterns of Forest Fragmentation ", *Conservation Ecology* 4 (2), 2000, pp. 1924 – 1925.

[220] Rutter, M. , "Resilience in the Face of Adversity: Protective Factors and Resistance to Psychiatric Disorder", *British Journal of Psychology* 147 (6), 1985, pp. 598 – 611.

[221] Scheffer, M. , Carpenter, S. , Foley, J. A. et al. , "Catastrophic Shifts in Ecosystems", *Nature* 413 (6856), 2001, pp. 6 – 591.

[222] Schlesinger, W. H. , Reynolds, J. F. , Cunningham, G. L. et al. , "Biological Feedbacks in Global Desertification", *Science* 247 (4946), 1990, pp. 1034 – 1043.

[223] Smit, B. , Wandel, J. , "Adaptation, Adaptive Capacity and Vulnerability", *Global Environmental Change* 16 (3), 2006, pp. 282 – 292.

[224] Smithers, J. , Smit, B. , " Human Adaptation to Climatic Variability and Change", *Global Environmental Change* 7 (2), 1997, pp. 129 – 146.

[225] Smith, R. J. , "Resolving the Tragedy of the Commons by Creating Private Property Rights in Wildlife", *Cato Journal* 1 (2), 1981, pp. 439 – 468.

[226] Tolba, K. , "Desertification Control", *The Semi-annually Bulletin on Plaus and Activities* 1 (2), 1978, pp. 380 – 387.

[227] Tucker, C. J. , Newcomb, W. W. , "Expansion and Con-

traction of the Sahara Desert from 1980 to 1990", *Science* 253 (5017), 1991, p. 299.

[228] Walker, B. H., Anderies, J. M., Kinzig, A. P. et al., "Exploring Resilience in Social-ecological Systems through Comparative Studies and Theory Development: Introduction to The Special Issue", *Ecology & Society* 11 (1), 2006, pp. 709 – 723.

[229] Walker, B., Holling, C. S., Carpenter, S. R. et al., "Resilience, Adaptability and Transformability in Social-ecological Systems", *Ecology & Society* 9 (2), 2004, pp. 3438 – 3447.

[230] Wei, H., Zong, X., "The Relationship Problem between the Goal of Grassland Ecosystem Services and Herdsman Level Compensation Standards: A Case of Shaqu Estuary-Maqu Segment in Yellow River Source Region", *Systems Engineering* 34 (3), 2016, pp. 80 – 86.

[231] Welch, W. P., "The Political Feasibility of Full Owner-ship Property Rights: The Cases of Pollution and Fisher-ies", *Policy Sciences* 16 (2), 1983, pp. 165 – 180.

[232] Winterhalder, B., "Environmental Analysis in Human E-volution and Adaptation Research", *Human Ecology* 8 (2), 1980, pp. 135 – 170.

[233] Zurlini, G., Riitters, K. Z. N., Petrosillo, I. et al., "Disturbance Patterns in a Socio-ecological System at Mul-

tiple Scales", *Ecological Complexity* 3 (2), 2006, pp. 119 – 128.

[234] Zurlini, G. , Zaccarelli, N. , Petrosillo, I. et al. , *Handbook of Ecological Indicators for Assessment of Ecosystem Health* (Boca Raton, FL and London: CRC Press, 2005).

[235] Zurlini, G. , Zaccarelli, N. , Petrosillo, I. , "Indicating Retrospective Resilience of Multi-scale Patterns of Real Habitats in a Landscape", *Ecological Indicators* 6 (1), 2006, pp. 184 – 204.

# 附录 A

问卷编号＿＿＿＿＿＿＿＿＿＿

## 农户对禁牧政策/退耕还林的适应性调查问卷

尊敬的朋友：

您好！我们是中国科学院西北生态环境资源研究院的学生，我们现做一项关于农户对禁牧政策和退耕还林的适应性感知的基本情况的调查。本调查采取无记名的形式，保护您的隐私权，希望您能反馈真实的信息。真诚感谢您对我们工作的支持！

中国科学院西北生态环境资源研究院

地点：盐池县＿＿＿＿＿＿＿＿乡＿＿＿＿＿＿＿＿村

调查时间：＿＿＿＿＿＿＿＿＿＿

调查员：＿＿＿＿＿＿＿＿＿＿

### 一 个人及家庭属性

1. 您家有＿＿＿＿＿＿＿＿口人，劳动力有＿＿＿＿＿＿＿＿人。

| 序号 | 成员情况 1.户主 2.配偶 3.子女 4.媳婿 5.父母 6.祖父母 | 性别 1.男 2.女 | 年龄 | 文化程度 1.文盲 2.小学 3.初中 4.高中或中专 5.大专及以上 | 健康状况 1.很好 2.较好 3.一般 4.不好 5.很差 | 曾有哪种经历 1.乡、村干部，技术员、医生等 2.教师或企事业职工 3.企事业职工 4.军人 5.无 | 目前主要职业 1.务农 2.放牧 3.学生 4.个体户/私营企业主 5.外出打工（不务农） 6.外出打工（农忙回家务农） 7.教师或医生 8.其他 | 是否村干部 1.是 2.否 | 务农年限 | 务工年限 |
|---|---|---|---|---|---|---|---|---|---|---|
| 1 | 户主 | | | | | | | | | |
| 2 | | | | | | | | | | |
| 3 | | | | | | | | | | |
| 4 | | | | | | | | | | |
| 5 | | | | | | | | | | |
| 6 | | | | | | | | | | |
| 7 | | | | | | | | | | |
| 8 | | | | | | | | | | |

2. 您家是_____

（1）退耕还林户　　　（2）退牧还草户　　　（3）两者都有

（4）都不是

3. 您家于_____年参加退耕还林，_____年
参加退牧还草。

4. 您家从事非农产业_____人。

5. 您家有耕地_____亩，其中，水浇地_____亩，旱地
_____亩；草地_____亩；林地_____亩。

6. 您家有羊_____只，牛_____头，猪_____头，粮食产
量_____斤。

7. 您家有_____间房屋，其中：砖房_____间、土
房_____间、其他_____间。

8. 您家购置以下生活用品的花费：家具_____元、自行
车_____元、摩托车_____元、农用车_____元、汽车
_____元、电视机_____元、电冰箱_____元、洗衣机
_____元。

9. 您家主要的收入来自_____

（1）农业　　　　（2）畜牧业　　　（3）个体经营

（4）打工　　　　（5）运输　　　　（6）政府补贴

10. 您家年收入_____元，其中：种植业收入
_____元，养殖业收入_____元，非农业收入
_____元。

11. 您家关系好的亲戚大概有_____户

（1）0 户　　　　（2）1～5 户　　　（3）6～10 户

（4）11～15户　　（5）15户以上

12. 在您需要时能提供帮助的亲友数＿＿＿＿＿＿＿＿

（1）0个　　　　　（2）1～3个　　　　　（3）4～6个

（4）7～10个　　　（5）10个以上

13. 您和您的家人一年能去几次乡里、县里或者市里？＿＿＿＿＿＿＿＿

14. 假如您急需一笔资金，您的亲朋好友会借给您吗？

（1）肯定不会　　（2）可能不会　　　　（3）不确定

（4）可能会　　　（5）肯定会

15. 如果您家需要贷款，申请到贷款的可能性？

（1）肯定不能　　（2）较小　　　　　　（3）一般

（4）较大　　　　（5）肯定能

16. 您家有村委会成员吗？

（1）有（＿＿＿＿＿个）　　　　　　（2）没有

## 二　农户环境变化感知调查

1. 您认为生态环境和农户生计哪个更重要？

（1）生态环境　　　　　　（2）农户生计

2. 您认为生态环境变化对您家影响大吗？

（1）非常大　　　（2）比较大　　　　　（3）一般

（4）比较小　　　（5）非常小

3. 您的家庭对环境变化带来的影响的适应能力如何？

（1）完全有能力　　　　　（2）比较有能力

（3）完全没有能力

4. 您觉得采取适应环境变化行动的预期成本有多大？

（1）非常高　　　（2）比较高　　　　（3）一般

（4）比较低　　　（5）非常低

5. 您觉得采取适应措施会减轻环境变化带来的影响吗？

（1）一定会　　　（2）可能会　　　　（3）一定不会

6. 您觉得退耕还林/禁牧政策实施对当地生态环境改善的效果如何？

（1）非常大　　　（2）比较大　　　　（3）一般

（4）比较小　　　（5）非常小

7. 如果继续实施退耕还林/禁牧政策，您觉得未来当地环境会有怎样的变化？

（1）一定会变好　　（2）可能会变好　　（3）不会变化

（4）可能会变坏　　（5）一定会变坏

8. 如果停止实施退耕还林/禁牧政策，您觉得未来当地环境会有怎样的变化？

（1）一定会变好　　（2）可能会变好　　（3）不会变化

（4）可能会变坏　　（5）一定会变坏

9. 您家对草原的依赖程度如何？

（1）非常低　　　（2）比较低　　　　（3）一般

（4）比较高　　　（5）非常高

## 三　政策对农户的影响调查

1. 退耕还林/退牧还草政策对您家生活的影响大吗？

（1）没有影响　　（2）影响较小　　　（3）一般

（4）影响较大　　（5）影响极大

2. 您认为退耕还林/禁牧政策实施对您的经济生活带来哪些影响？

（1）耕地/草地面积减少　　（2）牲畜数量减少

（3）收入减少　　　　　　（4）生产成本增加

（5）生产结构改变　　　　（6）生活方式改变

（7）其他＿＿＿＿＿＿＿＿＿

3. 您的家庭对退耕还林/退牧还草带来的影响的适应能力如何？

（1）完全有能力　　　　　（2）比较有能力

（3）完全没有能力

4. （退耕户）对于退耕还林，您家采取什么措施来适应退耕还林带来的损失？

（1）购买/租用土地　　　（2）扩大生产规模

（3）改善灌溉方式　　　　（4）改良作物

（5）调整农作物结构　　　（6）减少开支

（7）出售/出租土地　　　（8）减少耕地面积

（9）其他

5. （禁牧户）您家采取什么措施来适应禁牧带来的影响？

（1）围栏　　　　　　　　（2）舍饲

（3）调整牲畜结构　　　　（4）调整放牧时间

（5）休牧或轮牧　　　　　（6）减少牲畜数量

（7）减少开支　　　　　　（8）其他

6. 您觉得要适应退耕还林/退牧还草的成本如何？

（1）非常高　　　　（2）比较高　　　　（3）一般

（4）比较低　　　　（5）非常低

7. 退牧还草实施后，您家的养殖规模如何变化？

（1）减小规模　　　（2）保持不变　　　（3）扩大规模

8. 目前，您家羊群的养殖方式为？

（1）自由放牧　　　（2）舍饲 + 放牧　　（3）完全舍饲

9. 目前，您家草地是否围栏？

（1）没有　　　　　（2）部分围栏　　　（3）全部围栏

10. 您家羊的饲料来源有（可多选）

（1）放牧　　　　　（2）割草　　　　　（3）人工种草

（4）购买饲料　　　（5）农作物及副产品

11. 目前您家的生计方式有（可多选）

（1）种植　　　　　（2）养殖　　　　　（3）打工

（4）做生意　　　　（5）运输　　　　　（6）_____

12. 如果继续实施退耕还林/禁牧政策，您觉得未来人们的生活水平会有怎样的变化？

（1）一定会提高　　（2）可能会提高　　（3）不会变化

（4）可能会降低　　（5）一定会降低

13. 如果停止实施退耕还林/禁牧政策，您觉得未来人们的生活水平会有怎样的变化？

（1）一定会提高　　（2）可能会提高　　（3）不会变化

（4）可能会降低　　（5）一定会降低

14. 您是否愿意接受退耕还林/禁牧政策？

（1）非常愿意　　　（2）比较愿意　　　（3）一般

（4）比较不愿意　　（5）非常不愿意

15. 您对退耕还林/禁牧政策的执行效果满意吗？

（1）非常满意　　　　（2）比较满意　　　　（3）一般

（4）比较不满意　　　（5）非常不满意

如果满意，理由：（可多选）

（1）补偿金额充足

（2）补偿方式合理

（3）补助期限合适

（4）相关法律、法规健全，责任主体明确

（5）政府的执行效率高、力度大

（6）政府的政策好，提供了技术援助

（7）改善了当地的生态环境

（8）提供了其他的谋生渠道

（9）提高了农户自身的发展能力

（10）其他（请说明）＿＿＿＿＿＿＿＿

如果不满意，理由：（可多选）

（1）补偿金额不足

（2）补偿方式单一

（3）没有改善当地的生态环境

（4）政府的执行效率不高，力度不够

（5）没有提供必要的技术援助

（6）相关法律、法规不健全

（7）未能解决剩余劳动力问题

（8）农户自身的发展能力没有提高

（9）补助年限不够长

（10）未禁牧区草场压力增大

（11）地方财政补贴困难

（12）其他（请说明）_____

16. 您对退耕还林/退牧还草的奖补政策满意吗？

（1）非常满意　　　（2）比较满意　　　（3）一般

（4）比较不满意　　（5）非常不满意

**我们的调查结束了，衷心感谢您的参与及合作！**

# 附录 B

问卷编号_____

## 宁夏盐池县农户对社会保障和政策的满意度调查

尊敬的朋友：

　　您好！我们是中国科学院西北生态环境资源研究院的学生，我们现做一项关于农户对社会保障和生态政策的补偿满意度的基本情况调查。本调查采取无记名的形式，保护您的隐私权，希望您能反馈真实的信息。真诚感谢您对我们工作的支持！

　　　　　　　　　中国科学院西北生态环境资源研究院

　　被访者住址：宁夏回族自治区吴忠市盐池县_____

（镇、乡）_____村

　　调查员姓名：_____

　　初审是否合格：_____

调查时间：_____

## A 家庭基本情况

A1. 您的性别是：

（1）男　　　　　　　　　（2）女

A2. 您的出生年月是：_____年_____月

A3. 您主要从事的职业是：

（1）没有工作　　　　　　　（2）单位负责人

（3）办事人员和有关人员　　　（4）专业技术人员

（5）商业、服务人员

（6）农、林、牧、渔、水利业生产人员

（7）生产、运输设备操作人员及有关人员

（8）其他

A4. 您目前的婚姻状况是：

（1）未婚（跳至 A6）　　　　（2）已婚

（3）离婚（跳至 A6）　　　　（4）丧偶（跳至 A6）

A5. 您和您现在的配偶的结婚时间是：_____年

A6. 您的受教育程度是：

（1）不识字　　　　　　　　（2）小学

（3）初中　　　　　　　　　（4）高中或中专

（5）大学本科或大专　　　　（6）硕士研究生及以上

A7. 您的户口性质是：

（1）农业　　　　　　　　　（2）非农业

（3）其他（请注明）_____

A8. 您的户口所在地是：

（1）本县　　　　　　　　　（2）外地

A9. 您的家庭成员共有几口人？_____人

A10. 您目前的家庭成员中小于15岁或大于65岁的有多少人？_____人

A11. 2014年您家庭年收入是（农村居民指全部收入，含实物收入）：

总收入_____元；养殖业_____元；种植业_____元；非农_____元

## B 文明

B1. 您家所有成员中拥有的最高受教育程度为：_____

（1）不识字　　　　　（2）小学　　　　　　（3）初中

（4）高中或中专　　　（5）大学本科及以上

B2. 您是否有孩子？_____

（1）有（跳至 B2.1 题）　　　（2）没有（跳至 B2.3 题）

---

B2.1 您对您孩子的受教育状况在多大程度上感到满意？
　　（1）非常满意　　　（2）满意　　　（3）一般
　　（4）不满意　　　　（5）非常不满意
B2.2 您和您子女的关系怎么样？_____
　　（1）非常好　　　　（2）比较好　　　（3）一般
　　（4）不好　　　　　（5）非常不好
B2.3 您认为您父母对您的受教育状况是否满意？
　　（1）非常满意　　　（2）满意　　　（3）一般
　　（4）不满意　　　　（5）非常不满意

---

B3. 您和父母的关系怎么样？_____

（1）非常好　　　　（2）比较好　　　　（3）一般

（4）不好　　　　　（5）非常不好

B4. 您和您配偶父母的关系怎么样？＿＿＿＿＿＿＿

（1）非常好　　　　（2）比较好　　　　（3）一般

（4）不好　　　　　（5）非常不好

B5. 您能从其他家庭成员处获得精神支持吗？＿＿＿＿＿

（1）经常　　　　　（2）有时　　　　　（3）很少

（4）从未　　　　　（5）其他＿＿＿＿＿＿

B6. 如果您需要经济支持，您能从其他家庭成员处获得多大的帮助？＿＿＿＿＿＿

（1）全部　　　　　（2）部分　　　　　（3）很少

（4）从不　　　　　（5）其他＿＿＿＿＿＿

B7. 您的家庭成员经常关心彼此吗？＿＿＿＿＿＿

（1）经常　　　　　（2）有时　　　　　（3）很少

（4）从不　　　　　（5）其他＿＿＿＿＿＿

B8. 您的家庭成员经常争吵吗？＿＿＿＿＿＿

（1）经常　　　　　（2）有时　　　　　（3）很少

（4）从不　　　　　（5）其他＿＿＿＿＿＿

B9. 您信任您的家庭成员吗？＿＿＿＿＿多大程度上信任家庭成员？

（1）非常信任　　　（2）比较信任　　　（3）不太信任

（4）从不信任　　　（5）其他＿＿＿＿＿＿

B10. 如果遇到您的朋友需要帮助，您是否愿意为他们提供帮助？＿＿＿＿＿＿

（1）非常愿意　　　（2）比较愿意　　　（3）不太愿意

（4）完全不愿意　　（5）其他＿＿＿＿＿＿

B11. 如果遇到您的邻居需要帮助，您是否愿意为他们提供帮助？＿＿＿＿＿＿

（1）非常愿意　　（2）比较愿意　　（3）不太愿意

（4）完全不愿意　　（5）其他＿＿＿＿＿＿

B12. 如果遇到陌生人需要帮助，您是否愿意为他们提供帮助？＿＿＿＿＿＿

（1）非常愿意　　（2）比较愿意　　（3）不太愿意

（4）完全不愿意　　（5）其他＿＿＿＿＿＿

B13. 您在社会交往中是否感受到歧视？＿＿＿＿＿＿

（1）经常　　（2）有时　　（3）偶尔

（4）从不　　（5）其他＿＿＿＿＿＿

B14. 您在社会交往中是否感到人际关系冷淡？＿＿＿＿＿＿

（1）经常　　（2）有时　　（3）偶尔

（4）从不　　（5）其他＿＿＿＿＿＿

B15. 您信任熟人吗？＿＿＿＿＿＿

（1）非常信任　　（2）比较信任　　（3）不太信任

（4）完全不信任　　（5）其他＿＿＿＿＿＿

B16. 您信任陌生人吗？

（1）非常信任　　（2）比较信任　　（3）不太信任

（4）完全不信任　　（5）其他＿＿＿＿＿＿

B17. 总的来说，您认为大多数人是可以信任的吗？

（1）大多数人几乎总是可以信任的

（2）大多数人通常是可以信任的

（3）和大多数人打交道通常需要非常小心

（4）和大多数人打交道几乎总是需要非常小心

## C 健康

C1. 您觉得现在您自己的身体健康状况怎么样？_____

（1）很好　　　　（2）好　　　　　　（3）一般

（4）不好　　　　（5）很不好

C2. 您现在的体重是_____千克，身高是_____厘米
｛BMI＝体重（kg）÷［身高（m）^2］｝

C3. 您家人中，大部分人的身体健康状况怎么样？_____

（1）很好　　　　（2）好　　　　　　（3）一般

（4）不好　　　　（5）很不好

C4. 在过去的四周中，您感到心情抑郁或沮丧的频繁程
度是：

（1）总是　　　　（2）经常　　　　　（3）有时

（4）很少　　　　（5）从不

C5. 您在何种程度上符合以下陈述？总体看来，我是一个
幸福的人

（1）非常同意　　　　　　　　（2）有点同意

（3）无所谓同意不同意　　　　（4）有点不同意

（5）非常不同意

C6. 您觉得现在您自己的心理健康状况怎么样？

（1）很好　　　　（2）好　　　　　　（3）一般

（4）不好　　　　（5）很不好

C7. 您认为您家人的心理健康状况怎么样？

（1）很好　　　　　（2）好　　　　　（3）一般

（4）不好　　　　　（5）很不好

C8. 总的来说，您认为当今的社会是不是公平的？

（1）完全不公平

（2）比较不公平

（3）说不上公平但也不能说不公平

（4）比较公平

（5）完全公平

C9. 考虑到您的教育背景、工作能力、资历等各方面因素，与他人相比，您认为自己目前的收入是否公平？

（1）完全不公平

（2）比较不公平

（3）说不上公平但也不能说不公平

（4）比较公平

（5）完全公平

C10. 您或您的配偶是否接受过健康疾病检查？

（1）两人都接受过

（2）只有我接受过

（3）只有我的配偶接受过

（4）两人都没接受过

（5）不清楚

## D 经济

D1. 在我们的社会里，有些群体的经济水平较高，有些群体的经济水平较低。"1"代表经济水平最高，"10"代表经济

水平最低。您认为您家的经济水平在当地而言位于哪个等级上？＿＿＿＿＿＿＿分

D2. 您对您家的总体收入状况是否满意？

（1）非常满意　　　（2）比较满意　　　（3）一般

（4）比较不满意　　（5）非常不满意

D3. 您家去年的总花销大概是＿＿＿＿＿元，用于食品的开销大概为＿＿＿＿＿元，用于医疗的开销大概为＿＿＿＿＿元，用于教育的开销大概为＿＿＿＿＿元

D4. 您家的人均居住面积是多少？＿＿＿＿＿＿＿平方米

D5. 您认为您家的居住条件在当地处于哪个等级上？注意："10"分代表最顶层，"1"分代表最底层。＿＿＿＿＿分

D6. 您对您家人均居住面积满意吗？

（1）非常满意　　　（2）比较满意　　　（3）一般

（4）比较不满意　　（5）非常不满意

D7. 您对您家乡村政府管理水平满意吗？

（1）非常满意　　　（2）比较满意　　　（3）一般

（4）比较不满意　　（5）非常不满意

D8. 您对您家周围的交通便利程度满意吗？

（1）非常满意　　　（2）比较满意　　　（3）一般

（4）比较不满意　　（5）非常不满意

D9. 您对您家总体的住房情况是否满意？

（1）非常满意　　　（2）比较满意　　　（3）一般

（4）比较不满意　　（5）非常不满意

D10. 您对您家的社会保障是否满意？

（1）非常满意　　　（2）比较满意　　　（3）一般

（4）比较不满意　　（5）非常不满意

D11. 您对您家的养老保障是否满意？

（1）非常满意　　　（2）比较满意　　　（3）一般

（4）比较不满意　　（5）非常不满意

D12. 您是否担心今后的养老问题？

（1）从不担心　　　（2）有一点担心　　（3）偶尔担心

（4）经常担心　　　（5）非常担心

D13. 您是否会担心您和您家人的人身财产安全？

（1）从不担心　　　（2）有一点担心　　（3）偶尔担心

（4）经常担心　　　（5）非常担心

## E 政策与环境

E1. 您对政府和社会对农村的扶持度和关注度满意吗？

（1）非常满意　　　（2）比较满意　　　（3）一般

（4）比较不满意　　（5）非常不满意

E2. 您对"退牧还草"生态政策的实施满意吗？

（1）非常满意　　　（2）比较满意　　　（3）一般

（4）比较不满意　　（5）非常不满意

E3. 您对"退牧还草"实施以后国家发放的补贴满意吗？

（1）非常满意　　　（2）比较满意　　　（3）一般

（4）比较不满意　　（5）非常不满意

E4. 您对本地生态环境满意吗？

（1）非常满意　　　（2）比较满意　　　（3）一般

（4）比较不满意　　（5）非常不满意

E5. 您对本地饮用水水质满意吗？

（1）非常满意　　　（2）比较满意　　　（3）一般

（4）比较不满意　　（5）非常不满意

E6. 您觉得"退牧还草"政策是否使本地环境改善？

（1）很大改善　　　（2）轻微改善　　　（3）不清楚

（4）轻微恶化　　　（5）持续恶化

E7. 您觉得"退牧还草"政策是否使家庭收入有所增加？

（1）很大增加　　　（2）轻微增加　　　（3）无变化

（4）轻微减少　　　（5）严重减少

E8. 政府关于"退牧还草"政策的宣传对您了解和响应该政策有帮助吗？

（1）非常有帮助　　（2）比较有帮助　　（3）一般

（4）几乎无帮助　　（5）毫无帮助

E9. 您觉得政府的监管措施对防止"偷牧"现象有无成效？

（1）非常有成效　　（2）比较有成效　　（3）一般

（4）几乎无成效　　（5）毫无成效

E10. 您对国家生态建设、农村改革、经济发展的关注度怎样？

（1）经常关注　　　（2）偶尔关注　　　（3）一般

（4）几乎不关注　　（5）毫不关注

**我们的调查结束了，衷心感谢您的参与及合作！**

**图书在版编目（CIP）数据**

社会－生态系统恢复力研究：以沙漠化逆转区为例 /
侯彩霞等著. -- 北京：社会科学文献出版社，2021.12
ISBN 978 - 7 - 5201 - 9578 - 2

Ⅰ.①社…　Ⅱ.①侯…　Ⅲ.①沙漠－生态恢复－研究
－中国　Ⅳ.①P941.73

中国版本图书馆 CIP 数据核字（2021）第 270824 号

# 社会－生态系统恢复力研究
## ——以沙漠化逆转区为例

著　　者 / 侯彩霞　周立华　文　岩　张梦梦

出 版 人 / 王利民
责任编辑 / 高　雁
文稿编辑 / 胡　楠
责任印制 / 王京美

出　　版 / 社会科学文献出版社·经济与管理分社（010）59367226
　　　　　　地址：北京市北三环中路甲 29 号院华龙大厦　邮编：100029
　　　　　　网址：www.ssap.com.cn
发　　行 / 市场营销中心（010）59367081　59367083
印　　装 / 三河市尚艺印装有限公司

规　　格 / 开　本：787mm × 1092mm　1/16
　　　　　　印　张：13　字　数：138 千字
版　　次 / 2021 年 12 月第 1 版　2021 年 12 月第 1 次印刷
书　　号 / ISBN 978 - 7 - 5201 - 9578 - 2
定　　价 / 128.00 元

本书如有印装质量问题，请与读者服务中心（010 - 59367028）联系